Philippe Leproux

Les amplificateurs optiques de puissance à fibres double gaine

Philippe Leproux

Les amplificateurs optiques de puissance à fibres double gaine

Théorie, modélisation, expérience et optimisation

Presses Académiques Francophones

Impressum / Mentions légales
Bibliografische Information der Deutschen Nationalbibliothek: Die Deutsche Nationalbibliothek verzeichnet diese Publikation in der Deutschen Nationalbibliografie; detaillierte bibliografische Daten sind im Internet über http://dnb.d-nb.de abrufbar.
Alle in diesem Buch genannten Marken und Produktnamen unterliegen warenzeichen-, marken- oder patentrechtlichem Schutz bzw. sind Warenzeichen oder eingetragene Warenzeichen der jeweiligen Inhaber. Die Wiedergabe von Marken, Produktnamen, Gebrauchsnamen, Handelsnamen, Warenbezeichnungen u.s.w. in diesem Werk berechtigt auch ohne besondere Kennzeichnung nicht zu der Annahme, dass solche Namen im Sinne der Warenzeichen- und Markenschutzgesetzgebung als frei zu betrachten wären und daher von jedermann benutzt werden dürften.

Information bibliographique publiée par la Deutsche Nationalbibliothek: La Deutsche Nationalbibliothek inscrit cette publication à la Deutsche Nationalbibliografie; des données bibliographiques détaillées sont disponibles sur internet à l'adresse http://dnb.d-nb.de.
Toutes marques et noms de produits mentionnés dans ce livre demeurent sous la protection des marques, des marques déposées et des brevets, et sont des marques ou des marques déposées de leurs détenteurs respectifs. L'utilisation des marques, noms de produits, noms communs, noms commerciaux, descriptions de produits, etc, même sans qu'ils soient mentionnés de façon particulière dans ce livre ne signifie en aucune façon que ces noms peuvent être utilisés sans restriction à l'égard de la législation pour la protection des marques et des marques déposées et pourraient donc être utilisés par quiconque.

Coverbild / Photo de couverture: www.ingimage.com

Verlag / Editeur:
Presses Académiques Francophones
ist ein Imprint der / est une marque déposée de
OmniScriptum GmbH & Co. KG
Heinrich-Böcking-Str. 6-8, 66121 Saarbrücken, Deutschland / Allemagne
Email: info@presses-academiques.com

Herstellung: siehe letzte Seite /
Impression: voir la dernière page
ISBN: 978-3-8381-7788-5

Copyright / Droit d'auteur © 2013 OmniScriptum GmbH & Co. KG
Alle Rechte vorbehalten. / Tous droits réservés. Saarbrücken 2013

Numéro d'ordre : 66-2001

THESE
présentée à l'Université de Limoges

pour l'obtention du
DOCTORAT DE L'UNIVERSITE DE LIMOGES

Discipline : "Electronique des Hautes Fréquences et Optoélectronique"

par

Philippe LEPROUX

Conception et optimisation d'amplificateurs optiques de puissance à fibres double gaine dopées erbium

soutenue le **mercredi 19 décembre 2001**

devant la commission d'examen :

Présidente :
Frédérique DE FORNEL   Directeur de Recherche au CNRS, Laboratoire de Physique de l'Université de Bourgogne, DIJON

Rapporteurs :
Christian BOISROBERT   Professeur, Laboratoire de Physique des Isolants et d'Optronique, Université de NANTES

Olivier LEGRAND   Professeur, Laboratoire de Physique de la Matière Condensée, Université de NICE

Examinateurs :
Patrick EVEN   Ingénieur, Highwave Optical Technologies, LANNION

Agnès BERTHELEMOT -DESFARGES   Maître de Conférences, IRCOM, LIMOGES

Serge VERDEYME   Professeur, IRCOM, LIMOGES

Philippe ROY   Chargé de Recherche CNRS, IRCOM, LIMOGES

Dominique PAGNOUX   Chargé de Recherche CNRS, IRCOM, LIMOGES

Table des matières

Introduction 7

Chapitre I
La fibre optique dopée aux terres rares 11

- **I** Historique 13
- **II** Généralités 16
  - II.1 Définitions 16
  - II.2 Principe 18
- **III** Notion d'amplification optique 19
  - III.1 Principe 19
  - III.2 Emissions spontanée et stimulée 20
  - III.3 Inversion de population et pompage 21
  - III.4 Durée de vie, systèmes à trois ou quatre niveaux 21
- **IV** Les ions actifs de terres rares 25
  - IV.1 Définition 25
  - IV.2 Couche interne 4f et niveaux énergétiques 26
  - IV.3 Incorporation dans les verres et spectroscopie 29
    - IV.3.1 Structures vitreuses 29
    - IV.3.2 Incorporation des terres rares dans la silice 30
    - IV.3.3 Spectroscopie des terres rares dans une matrice de silice 31
    - IV.3.4 Conclusion 36
- **V** Fabrication des fibres optiques en silice dopées aux terres rares 37
  - V.1 Réalisation d'une préforme classique 37
    - V.1.1 Réactions chimiques mises en jeu 37
    - V.1.2 Méthodes internes 38
    - V.1.3 Méthodes externes 39
  - V.2 Dopage aux terres rares de la préforme 40
    - V.2.1 Dopage en phase vapeur 40
    - V.2.2 Dopage en phase liquide 41
  - V.3 Etirage 43

Chapitre II
Les amplificateurs à fibres optiques dopées aux terres rares 45

- **I** Eléments fondamentaux 47
  - I.1 Schéma synoptique d'un amplificateur 47
  - I.2 Différents types de pompage 48
    - I.2.1 Pompage copropagatif et/ou contrapropagatif 48
    - I.2.2 Pompage monomode ou multimode 50
  - I.3 Sections efficaces d'absorption et d'émission 52

II	Phénomènes d'interaction lumière/matière entrant en jeu	54
II.1	Absorption de la pompe et du signal	54
	II.1.1 Absorption par état fondamental	54
	II.1.2 Absorption par état excité	56
II.2	Transfert coopératif d'énergie entre deux ions	59
II.3	Emission spontanée amplifiée	62
II.4	Graphes récapitulatifs	62

III	Fonctionnement et caractéristiques d'un amplificateur	64
III.1	Gain et saturation	64
III.2	Longueur optimale et coefficient de gain	66
III.3	Efficacité de conversion quantique	68
III.4	Bruit d'émission spontanée amplifiée	69
	III.4.1 Puissance de bruit ajouté	69
	III.4.2 Facteur de bruit	70
III.5	Ordres de grandeur des caractéristiques	71

Chapitre III
Etude théorique et numérique de l'absorption de la pompe dans une fibre optique à double gaine dopée aux terres rares ... 72

I	Influence de la géométrie de la gaine interne sur l'absorption de la pompe	74
I.1	Introduction	74
I.2	Optimisation de l'absorption de la pompe : deux solutions intrinsèques	75
I.3	Avantages techniques de la deuxième solution	76

II	Application de la théorie du chaos ondulatoire	78
II.1	Définitions	78
	II.1.1 Les lois de la mécanique classique de Newton et la notion de dynamique chaotique	78
	II.1.2 Le chaos ondulatoire	79
II.2	Propagation de la lumière dans les systèmes chaotiques et réguliers : approche géométrique	80
II.3	Approche ondulatoire	84
	II.3.1 Répartition transverse du champ associé à un mode	84
	II.3.2 Observation expérimentale d'une superposition de modes	92
II.4	Conclusion	93

III	Etude numérique de l'absorption de la pompe par la méthode du faisceau propagé	94
III.1	Présentation de l'algorithme de BPM	94
III.2	Résultats obtenus	97
	III.2.1 Préambule	97
	III.2.2 Excitation par une gaussienne de faible largeur à mi-hauteur	100

	III.2.3	Excitation par une gaussienne large.................................. 107
	III.2.4	Excitation par un champ de granularité............................ 111
III.3	Conclusion..	113

Chapitre IV
Modélisation et optimisation des amplificateurs à fibres optiques à double gaine dopées à l'erbium 114

I	Présentation du logiciel de simulation 116
	I.1 Introduction.. 116
	I.2 Equations spatio-temporelles.. 116

II	Influence de la géométrie de la gaine interne sur la valeur du gain 119
	II.1 Préambule... 119
	II.2 Résultats obtenus... 121
	II.3 Conclusion.. 124

III	Optimisation de l'amplificateur en fonction de la répartition transverse du dopant terre rare 125
	III.1 Dopage dans le cœur central monomode 126
	III.2 Dopage en anneau... 130
	III.3 Dopage sur un disque plus large que le cœur............ 132
	III.4 Comparaison des trois distributions du dopant terre rare............... 134
	III.4.1 Comparaison des courbes de gain................ 134
	III.4.2 Comparaison des valeurs de facteur de bruit....... 134

IV	Conclusion 136

Chapitre V
Etude expérimentale de l'absorption de la pompe dans les fibres optiques à double gaine 138

I	Introduction.. 140

II	Fibres optiques à double gaine de formes diverses étudiées................... 142
	II.1 Fibres dopées au chrome réalisées pour notre étude.............. 142
	II.2 Fibres codopées erbium/ytterbium et dopées au néodyme........ 144
	II.3 Tableau récapitulatif... 145

III	Observation de figures d'intensité en champ proche.............................. 147
	III.1 Fibre optique circulaire.. 147
	III.2 Fibres optiques tronquées... 148

IV	Mesure de l'absorption de la pompe.. 149
	IV.1 Fibres optiques dopées au chrome 150
	IV.2 Fibres optiques codopées erbium/ytterbium 152

    IV.3   Fibres optiques dopées au néodyme 155

V   Conclusion 158

Conclusion et perspectives 159

Annexe I
Perte au raccordement entre une fibre optique monomode dopée aux terres rares et une fibre optique monomode standard 163

Annexe II
Définition de l'intégrale de recouvrement 175

Annexe III
Utilisation du logiciel de BPM pour d'autres applications 177

Bibliographie 184

Liste des publications 195

Introduction

INTRODUCTION

La maîtrise de l'amplification optique dans les années 1990 a permis de franchir une étape clé dans le domaine des télécommunications par fibres optiques sur longue distance. En effet, il est désormais possible de remplacer les **répéteurs-régénérateurs**, systèmes électroniques de remise en forme et d'amplification du signal déformé et atténué lors de sa propagation, par des **amplificateurs à fibres optiques dopées aux terres rares**. Le débit des transmissions de données, jusqu'alors limité par les composants électroniques, peut atteindre des valeurs nettement plus élevées grâce à l'utilisation de tels systèmes d'amplification « tout optique ». Un effort particulier est consacré à l'**amplificateur à fibre dopée à l'erbium**[1], dont la longueur d'onde de travail coïncide avec la plage spectrale d'atténuation minimale des fibres optiques en silice (troisième fenêtre des télécommunications, autour de 1,55 µm). Les qualités que présente cet amplificateur sont par ailleurs nombreuses et variées. Citons notamment son insensibilité à la polarisation, sa faible diaphonie, et surtout la possibilité d'obtenir un gain élevé avec une faible dégradation du rapport signal à bruit.

Afin d'augmenter davantage le débit des transmissions, la technique du multiplexage en longueur d'onde est employée : plusieurs signaux, de longueurs d'onde légèrement différentes, sont envoyés simultanément dans une même fibre optique. Dans un tel système, l'amplificateur doit donc être capable de fournir un gain appréciable sur une large bande spectrale. Dans le cas des fibres optiques dopées à l'erbium, le signal peut être amplifié sur une plage spectrale de plusieurs dizaines de nanomètres autour de 1,55 µm. Cette dernière étant fixée, l'augmentation du débit passe par l'augmentation du nombre de canaux[2], qui elle-même requiert l'augmentation de la puissance totale de sortie de l'amplificateur (la puissance par canal étant fixée). La réponse à ce besoin peut être apportée par l'utilisation de **fibres optiques amplificatrices à double gaine**. Dans ces fibres, l'injection dans la gaine interne[3] d'une forte puissance de pompe, provenant d'une diode laser multimode de faible coût, permet d'atteindre des valeurs de puissance

---

[1] Voir l'historique en début de chapitre I.
[2] Chaque signal du multiplex, de longueur d'onde donnée, est transmis dans une fine bande spectrale appelée canal.
[3] La gaine interne est la zone de la fibre dans laquelle se propage l'énergie de pompe. Elle possède des dimensions bien plus importantes que le cœur, qui, lui, est dédié à la propagation et à l'amplification monomodes du signal.

de sortie nettement supérieures à celles obtenues dans les fibres amplificatrices classiques.

On comprend donc aisément que l'emploi de fibres optiques à double gaine dopées aux terres rares soit dédié à l'**amplification optique de puissance**. Les performances des amplificateurs utilisant ces fibres sont attractives pour des applications comme les communications en espace libre, la distribution CATV[1], ou encore la réalisation de sources superfluorescentes puissantes.

Notre étude porte sur la conception et l'optimisation d'amplificateurs optiques de puissance à fibres à double gaine dopées aux terres rares. Ce mémoire débute par une étude bibliographique destinée à fournir les notions fondamentales nécessaires à la bonne compréhension du fonctionnement d'un amplificateur à fibre optique (chapitres I et II). En particulier, les différents phénomènes d'**interaction lumière/matière** entrant en jeu dans ce fonctionnement sont abordés. Les caractéristiques essentielles d'un amplificateur (gain, longueur optimale, facteur de bruit...) sont par ailleurs indiquées.

Les chapitres III et IV sont consacrés à une étude théorique et numérique portant sur l'optimisation des amplificateurs à fibres optiques à double gaine. Dans le chapitre III, le but recherché est d'améliorer l'absorption de l'onde de pompe par le cœur dopé aux terres rares. Nous montrons que cette absorption dépend fortement de la géométrie de la section transverse de la gaine interne. Quelques notions issues de la **théorie du chaos ondulatoire** sont alors introduites et les propriétés modales des systèmes chaotiques sont mises à profit afin d'aboutir à la définition de la géométrie optimale. Finalement, les absorptions calculées numériquement pour diverses formes de gaine interne au moyen de la méthode du faisceau propagé sont comparées.

Dans le chapitre IV, nous nous intéressons à la modélisation des amplificateurs à fibres à double gaine. Nous utilisons un logiciel dont le fonctionnement est fondé sur la résolution des **équations d'évolution** des différentes puissances et densités de population mises en jeu, pour un système à trois niveaux d'énergie comme l'ion erbium

---

[1] Common Antenna Television ou Cable Television (distribution de la télévision aux abonnés par câble, à partir d'une antenne commune).

pompé à 980 nm. Ce logiciel nous permet tout d'abord d'examiner les performances obtenues (en termes de gain) pour des amplificateurs utilisant des fibres optiques de géométries diverses. L'amplificateur réalisé avec la fibre de forme la plus adéquate pour l'absorption de la pompe est ensuite optimisé en fonction de la répartition transverse du dopant terre rare (dopage dans le cœur, ou bien sur un disque plus large, ou encore sur un anneau situé autour de ce cœur).

Enfin, le chapitre V propose une étude expérimentale de l'absorption de l'onde de pompe dans les fibres optiques amplificatrices à double gaine. Les expérimentations sont réalisées avec des fibres présentant différentes géométries de gaine interne et différents types d'ions dopants (chrome[1], erbium/ytterbium, néodyme). Des mesures d'atténuation de la puissance de pompe par une méthode dérivée de celle du « cut-back » sont effectuées, dans le but d'évaluer et de discuter la compatibilité des prévisions théoriques avec les observations pratiques.

---

[1] Le chrome n'est pas une terre rare, mais un métal. Le dopage aux ions métalliques chrome permet d'obtenir une forte absorption de la lumière sur une grande plage spectrale.

Chapitre I

CHAPITRE I

La fibre optique dopée aux terres rares

*Ce mémoire débute par un chapitre portant sur la **fibre optique dopée aux terres rares**. Après un bref historique et quelques définitions, nous donnons les notions fondamentales concernant le phénomène d'amplification optique. Nous nous intéressons ensuite à la technologie de fabrication des fibres optiques amplificatrices.*

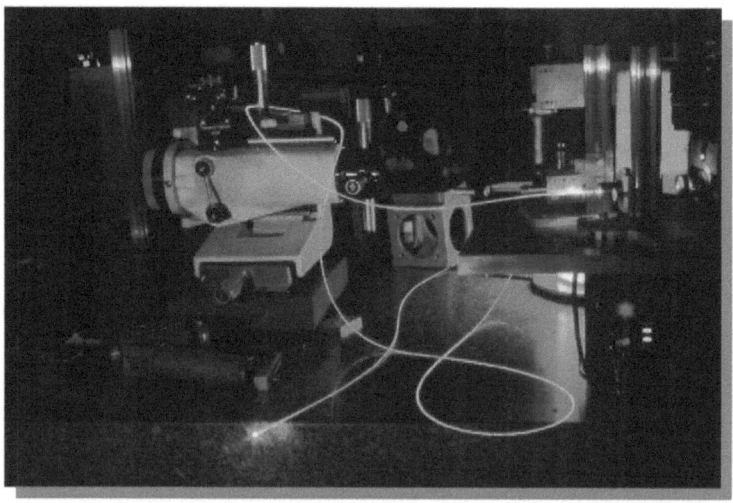

I Historique

Il faut remonter à la fin des années 50 pour voir apparaître les travaux originels portant sur l'amplification de la lumière. C'est en 1957 qu'est publié un travail théorique initial traitant de « fluctuations dans l'amplification des quanta » [1]. Mais la première véritable description théorique de l'effet de l'amplification de la lumière est proposée en 1958 par A. L. Schawlow et C. H. Townes dans leur étude sur la faisabilité de masers[1] optiques [2]. Enfin, A. Yariv et J. P. Gordon font paraître en 1963 un travail fondamental passant en revue le domaine des lasers [3].

La première étude expérimentale de fibres optiques dopées aux terres rares est présentée en 1964 par C. J. Koester et E. Snitzer, de l'American Optical Company, qui obtiennent 47 dB de gain à 1,06 µm dans un amplificateur à fibre faiblement multimode dopée au néodyme et pompée transversalement par lampe flash [4]. Ce travail pionnier n'est cependant suivi d'aucun autre durant environ une décade, son potentiel ne pouvant être justement apprécié, à un moment où l'on ne sait pas réaliser de fibres optiques à faibles pertes linéiques. A titre d'exemple, ces pertes s'élèvent encore à 20 dB/km en 1970 [5].

En 1973, J. Stone et C. A. Burrus des Bell Laboratories réalisent le premier laser à fibre pompé longitudinalement par diode laser compacte, à partir d'une courte longueur de fibre multimode dopée au néodyme à gaine en silice [6]. Cette étude est en fait réalisée en même temps que d'autres travaux présentant des lasers à fibre, au moment où les premières fibres optiques en silice de bonne qualité apparaissent. Mais encore une fois, il s'agit d'un travail précurseur qui ne sera pas plus amplement exploité par la communauté scientifique durant une dizaine d'années, essentiellement parce que les longueurs d'onde amplifiées n'appartiennent pas aux fenêtres des télécommunications optiques (1,3 µm et 1,55 µm).

Il faut attendre le milieu des années 80 pour que les fibres optiques dopées aux terres rares connaissent un véritable essor, permis principalement par l'avènement simultané de fibres monomodes à faibles pertes (0,15 dB/km à 1,55 µm) fabriquées par technologie CVD (Cf. paragraphe V.1.2 de ce chapitre, « Méthodes internes »). Les fibres dopées aux terres rares bénéficient enfin d'une large reconnaissance de la part de la communauté scientifique, avec les travaux de D. N. Payne et ses collaborateurs de l'Université de Southampton. Ces travaux concernent tout d'abord la fabrication en 1985 de la première fibre monomode dopée aux terres rares [7], permettant de réaliser un laser à fibre à très faible seuil d'inversion de population [8] : constitué de 2 m de fibre dopée au néodyme fabriquée grâce à une extension de la méthode MCVD, ce laser, fonctionnant à 1088 nm et pompé par une diode laser GaAlAs, nécessitait une puissance de pompe absorbée de seulement 600 µW afin que le seuil d'inversion de population soit atteint. La même équipe présente ensuite les premiers laser [9] et amplificateur [10] à fibre dopée à l'erbium, en 1986 et 1987 respectivement. Enfin, D. N. Payne et ses collaborateurs proposent en 1987 une méthode de fabrication de fibres optiques dopées aux terres rares encore plus performante, utilisant la diffusion ionique en phase liquide [11].

Très vite, les fibres optiques dopées aux terres rares bénéficient d'un intérêt croissant, engendrant la naissance d'un nouveau domaine de recherche très dynamique. En particulier, l'**amplificateur à fibre dopée à l'erbium**[1], qui permet d'amplifier les signaux dans la troisième fenêtre des télécommunications (autour de 1,55 µm), connaît un développement très rapide autour de 1990, notamment grâce aux travaux de E. Desurvire [12-14]. De nombreux autres laboratoires s'intéressent aussi au sujet [15-17]. Les débits des signaux amplifiés croissent rapidement, passant de 2 Gbit/s en 1989 dans les laboratoires d'AT&T [18] à 10 Gbit/s en 1993 sur des distances transocéaniques [19]. Ce travail soutenu permet de faire passer l'amplificateur optique à fibre dopée à l'erbium du laboratoire aux installations de terrain au milieu des années 90. Ainsi, les câbles transatlantiques (TAT12 et TAT13) et transpacifique (TPC5) construits en 1995 disposent déjà de cette technique.

Notons en outre que cet essor de l'amplificateur à fibre dopée à l'erbium s'accompagne de la maîtrise du multiplexage des signaux en longueur d'onde[2] sur de

---

[1] Le MASER (*Microwave Amplification by Stimulated Emission of Radiation*) est le prédécesseur du laser, dans le domaine des fréquences microondes. Le premier maser a été réalisé en 1954 par Gordon, Zeiger et Townes.
[1] Couramment noté EDFA pour « Erbium Doped Fiber Amplifier ».
[2] En anglais, WDM pour « Wavelength Division Multiplexing ».

longues distances, puisque l'on peut désormais amplifier la lumière sur de larges bandes spectrales.

Parallèlement au développement des fibres amplificatrices monomodes apparaissent, dès la fin des années 80, des **fibres optiques à double gaine dopées aux terres rares** [20], qui permettent de travailler avec de plus fortes puissances de pompe et qui sont notamment destinées à l'amplification de puissance. Tout au long des années 1990, l'augmentation des performances de ces fibres à double gaine va de pair avec la réalisation de sources de pompage multimodes toujours plus puissantes. Aujourd'hui, on réalise des amplificateurs à fibre à double gaine dopée à l'erbium utilisables dans les systèmes WDM, dont la puissance de sortie dépasse 1 W [21].

II Généralités

II.1 Définitions

Une fibre optique classique est constituée d'un cœur d'indice de réfraction n_1 et d'une gaine optique d'indice n_2 inférieur à n_1 (figure 1a). Le signal peut ainsi être guidé dans le cœur par réflexion totale interne. Le diamètre du cœur peut valoir de quelques microns (fibres monomodes) à quelques dizaines de microns (fibres multimodes), suivant les conditions de propagation désirées. Une gaine mécanique est placée autour de la gaine optique afin de protéger la fibre des agressions extérieures, chimiques et mécaniques. Cette gaine permet en outre d'absorber les modes de gaine du fait d'un indice de réfraction n_3 plus élevé que n_2.

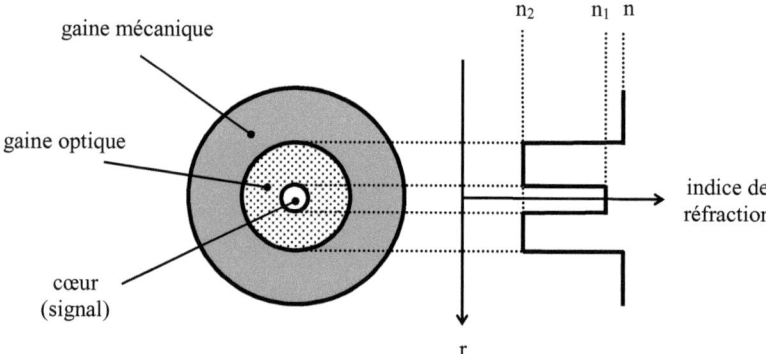

Figure 1a : Représentation schématique d'une fibre optique
(vue en coupe et profil d'indice)

L'ouverture numérique de la fibre est donnée par la relation suivante :

$$ON = \sqrt{n_1^2 - n_2^2} \qquad (1)$$

Elle correspond au sinus du demi-angle au sommet du cône d'acceptance du cœur de la fibre. Dans une fibre monomode standard, l'ouverture numérique est typiquement de l'ordre de 0,1. Dans une fibre multimode en silice, elle peut aller jusqu'à 0,3.

Pour réaliser une fibre dopée aux terres rares, des ions actifs sont inclus dans le cœur. Les plus utilisés sont les ions erbium (Er^{3+}), ytterbium (Yb^{3+}) et néodyme (Nd^{3+}). Dans une telle fibre, deux ondes différentes, le signal et la pompe, se propagent et interagissent dans le cœur monomode.

Au contraire, dans une fibre dopée aux terres rares dite à double gaine, le signal monomode est guidé dans le cœur dopé aux terres rares, alors que l'énergie de pompe, multimode, se propage dans la gaine optique, de grandes dimensions, dont l'ouverture numérique peut dépasser 0,4. Ce guidage fortement multimode est obtenu de façon classique par différence d'indice grâce à l'utilisation d'un revêtement protecteur à bas indice n_3 (Cf. paragraphe V.3 de ce chapitre, portant sur l'étirage des préformes). Dans ce type de fibre, les gaines optique et mécanique sont appelées respectivement gaines interne et externe (figure 1b). La gaine externe a une double fonction :
- permettre la propagation de la pompe dans la gaine interne ;
- protéger mécaniquement la fibre.

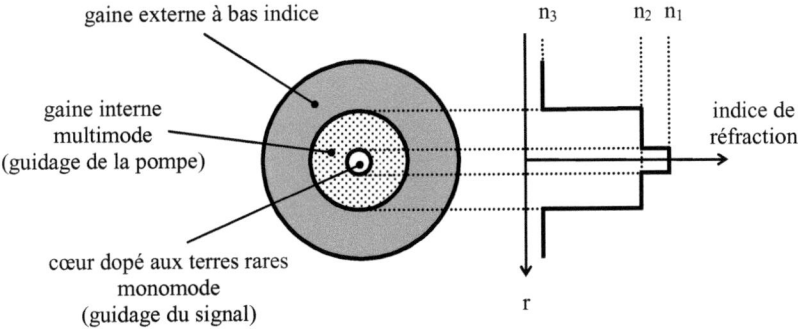

Figure 1b : Représentation schématique d'une fibre optique à double gaine dopée aux terres rares (vue en coupe et profil d'indice)

II.2 Principe

Une fibre optique dopée aux terres rares permet d'amplifier le signal se propageant en son cœur. Ce phénomène d'amplification, détaillé dans le paragraphe suivant, est obtenu grâce à l'excitation des ions actifs par l'onde de pompe, puis par l'émission de photons à la fréquence signal lors de la désexcitation de ces ions.

Le principe de l'amplification optique est le même dans les fibres dopées monomodes et à double gaine, mais l'énergie de pompe ne se propage pas dans la même région : elle est localisée dans le cœur monomode dans le premier cas, dans la gaine interne à grande surface et large ouverture numérique dans le second cas. Ceci explique que les fibres amplificatrices à double gaine peuvent guider une forte énergie de pompe multimode, provenant d'une source multimode puissante, permettant ainsi d'atteindre des puissances de saturation élevées.

III Notion d'amplification optique

III.1 Principe

C'est dans le vaste champ d'étude de l'interaction lumière/matière que s'inscrit le phénomène d'amplification optique, détaillé ci-après.

Considérons le modèle atomique de Bohr : l'atome est constitué d'un noyau autour duquel gravitent des électrons sur des orbites bien définies, auxquelles correspondent des niveaux énergétiques. Les électrons des niveaux énergétiques inférieurs, proches du noyau, sont fortement attirés par ce dernier. Cependant, s'ils bénéficient d'un apport d'énergie extérieure, ces électrons peuvent passer sur des couches supérieures (figure 2a) : on dit alors qu'ils sont à l'état excité. Le phénomène inverse, à savoir le passage d'un niveau d'énergie supérieur à un niveau inférieur, appelé désexcitation, peut s'accompagner de l'émission d'une radiation lumineuse (figure 2b).

Ce phénomène d'émission radiative par une particule préalablement excitée se rencontre également dans les ions et les molécules. Dans la suite, nous nous intéressons aux ions actifs de terres rares, présents dans les fibres optiques dopées aux terres rares.

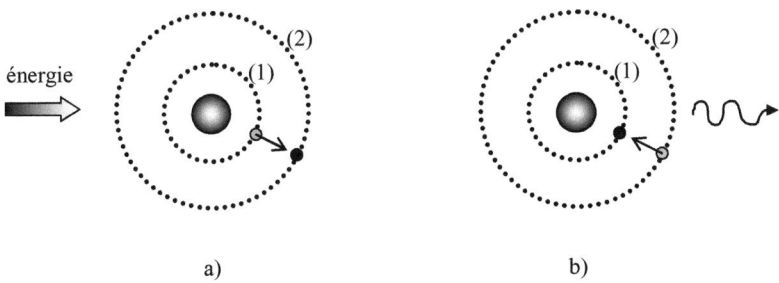

Figure 2 : a) Passage d'un niveau inférieur (1) à un niveau supérieur (2) par apport d'énergie extérieure
b) Désexcitation avec émission radiative

III.2   Emissions spontanée et stimulée

Il existe deux phénomènes fondamentaux de désexcitation radiative [22].

Le premier phénomène est l'**émission spontanée** (figure 3a) : un ion préalablement excité retourne spontanément à son niveau d'énergie initial en émettant un photon dont la direction, la phase et la polarisation sont aléatoires.

Le second phénomène est l'**émission stimulée** (figure 3b), prédite dès 1917 par Albert Einstein : lorsqu'un photon incident entre en interaction avec un ion préalablement excité, il provoque la désexcitation de ce dernier, accompagnée de l'émission d'un second photon de caractéristiques (direction, phase et polarisation) identiques à celles du premier, le photon incident étant conservé. L'émission stimulée peut ainsi permettre d'amplifier un signal lumineux.

a)   b)

Figure 3 :   Phénomènes de désexcitation radiative par :
a) Emission spontanée
b) Emission stimulée

Notons par ailleurs qu'un ion à l'état excité peut retourner à son état fondamental sans donner lieu à l'émission d'une particule lumineuse, mais en restituant un quantum d'énergie, appelé *phonon*, sous forme de vibration de la matière. On parle alors de transition non radiative.

III.3 Inversion de population et pompage

Inversion de population :

Pour qu'un signal lumineux puisse être amplifié, il faut que la probabilité qu'un photon de signal soit absorbé par un ion non excité soit inférieure à la probabilité que ce photon provoque la désexcitation stimulée d'un ion excité. Autrement dit, il faut que, dans un volume donné, le nombre d'ions excités soit supérieur au nombre d'ions non excités : on parle d'**inversion de population**. Si le milieu amplificateur n'est pas soumis à un rayonnement extérieur, le nombre d'ions à l'état excité est nettement inférieur au nombre d'ions à l'état non excité. L'inversion de population est réalisée grâce au phénomène de pompage.

Pompage :

L'apport de l'énergie extérieure permettant l'excitation des ions du milieu amplificateur dans le but de réaliser l'inversion de population est appelé **pompage**. Dans le cas d'une fibre optique dopée aux terres rares, le pompage est de nature optique : les ions actifs reçoivent l'énergie d'un rayonnement lumineux dit « de pompe ».

Dans la suite, λ_S désignera la longueur d'onde du signal et λ_P la longueur d'onde de la pompe.

III.4 Durée de vie, systèmes à trois ou quatre niveaux

Durée de vie :

Tout ion excité ne reste dans cet état énergétique supérieur que pendant un bref instant, après quoi il se désexcite spontanément pour rejoindre un niveau d'énergie inférieur. Ce délai durant lequel l'ion reste excité varie selon le niveau d'énergie considéré et selon l'environnement de l'ion. C'est pourquoi on définit un paramètre statistique qui est la **durée de vie** τ d'un niveau d'énergie : il s'agit du temps au bout duquel la densité de population des ions excités sur ce niveau a été divisée par e ($\approx 2,3$), cette durée étant mesurée à partir de l'instant où l'on a interrompu l'excitation des ions.

Soit N_e la densité de population des ions à un niveau excité à l'instant t. L'évolution temporelle de N_e due à la désexcitation spontanée de ces ions peut être déduite de l'équation différentielle suivante :

$$\frac{dN_e(t)}{dt} = -\frac{N(t)}{\tau} \qquad (2)$$

Systèmes à trois ou quatre niveaux :

Typiquement, l'amplification de la lumière est réalisée grâce à des échanges d'énergie mettant en jeu trois ou quatre niveaux d'énergie.

Dans un système à trois niveaux (figure 4a), l'énergie de pompe permet de faire passer un électron du niveau fondamental (1) au niveau le plus haut (3). L'électron retombe ensuite au niveau (2) sans engendrer d'émission radiative. Enfin, c'est la transition (2) → (1) qui va permettre d'obtenir l'émission spontanée ou stimulée d'un photon à la longueur d'onde λ_S, et par conséquent d'amplifier un signal à cette longueur d'onde. Cette transition est celle donnant lieu à l'effet laser lorsqu'une rétroaction est appliquée en extrémité de milieu amplificateur. Nous l'appellerons donc par la suite « transition laser ».

Une inversion de population importante, visant à peupler fortement le niveau (2) au détriment du niveau (1), peut être obtenue grâce au fait que la durée de vie du niveau (3) est très faible devant celle du niveau (2), qu'on appelle niveau « métastable ».

Il est important de remarquer que, dans ce système à trois niveaux, le signal à amplifier est en fait absorbé (donc atténué) si l'inversion de population n'est pas réalisée. En effet, dans ce cas, la probabilité d'absorption d'un photon signal par un ion à l'état fondamental[1] (figure 4b) est supérieure à la probabilité que ce photon provoque la désexcitation d'un ion excité avec émission d'un photon « jumeau ». Cette absorption

---

[1] Cette absorption d'un photon signal fait passer un électron du niveau fondamental (1) au niveau métastable (2).

du signal dans les systèmes à trois niveaux insuffisamment pompés est une source de limitation des performances des amplificateurs, dont il faudra tenir compte.

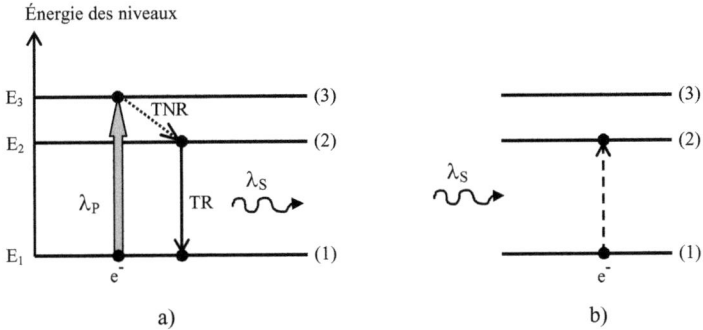

Figure 4 : Schémas représentant les transitions énergétiques
d'un système à trois niveaux
a) Fonctionnement typique : pompage → émission d'un photon à la longueur d'onde λ_S
(TNR : transition non radiative, TR : transition radiative)
b) Absorption d'un photon signal

La théorie des quanta d'énergie donne les relations suivantes (loi de Planck) :

$$E_3 - E_1 = \frac{h.c}{\lambda_p} \quad (3)$$

$$E_2 - E_1 = \frac{h.c}{\lambda_s} \quad (4)$$

avec h = $6,626.10^{-34}$ J.s (constante de Planck) et c = 3.10^8 m/s (vitesse de la lumière dans le vide).

L'exemple type d'ion de terre rare fonctionnant selon un système à trois niveaux est l'erbium. Pompé à la longueur d'onde de 980 nm, il permet d'amplifier un signal à 1550 nm. Les trois niveaux mis en jeu sont les niveaux $^4I_{15/2}$, $^4I_{13/2}$ et $^4I_{11/2}$ (figure 5).

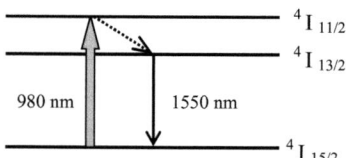

Figure 5 : Système à trois niveaux de l'ion erbium (Er^{3+})

Dans le cas d'un système à quatre niveaux (figure 6a), l'absorption de la pompe provoque la transition (1) → (4). Après désexcitation non radiative jusqu'au niveau métastable (3), c'est la transition (3) → (2) qui engendre l'émission laser. Enfin, il y a retour au niveau fondamental par désexcitation non radiative.

La durée de vie des niveaux (2) et (4) est très faible devant celle du niveau (3). Le niveau bas de la transition laser étant rapidement dépeuplé, l'inversion de population est obtenue facilement, avec une puissance de pompe peu importante. En outre, on constate que le fonctionnement de type quatre niveaux n'est pas sujet à réabsorption du signal puisque le niveau fondamental est différent du niveau bas de la transition laser.

Le néodyme est un exemple d'ion mettant en jeu un système à quatre niveaux. Dans le cas le plus courant, cet ion est pompé à 800 nm, et il réémet autour de 1,06 µm (figure 6b).

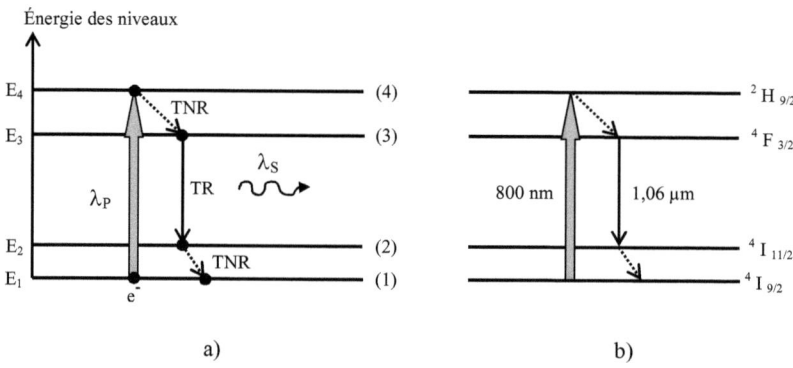

Figure 6 :   a) Diagramme d'énergie d'un système à quatre niveaux
     (TNR : transition non radiative, TR : transition radiative)
  b) Exemple de l'ion néodyme (Nd^{3+})

IV Les ions actifs de terres rares

IV.1 Définition

Initialement, le qualificatif « terres rares » a été donné aux minerais contenant les oxydes de certains éléments chimiques. Ensuite, ce sont les éléments eux-mêmes que l'on a appelés terres rares, du fait de la rareté des régions du monde où ces minerais peuvent être exploités de façon rentable. Cependant, et malgré leur nom, les terres rares ne sont pas les éléments les plus rares de l'écorce terrestre. A titre d'exemple, le thulium, terre rare la moins répandue, est quatre fois plus abondant que l'argent.

Les terres rares représentent en fait le groupe des lanthanides. Ce sont quinze éléments de la période numéro 6, du lanthane de nombre atomique 57 au lutécium de numéro 71, comme le montre le tableau périodique des éléments (figure 7). On ajoute généralement aux lanthanides le scandium (Sc) et l'yttrium (Y), éléments appartenant à la même colonne que le lanthane et possédant par conséquent certaines propriétés chimiques voisines. Les terres rares sont divisées en terres cériques ou lanthanides légers (lanthane, cérium, praséodyme et néodyme) et terres yttriques ou lanthanides lourds (les onze autres).

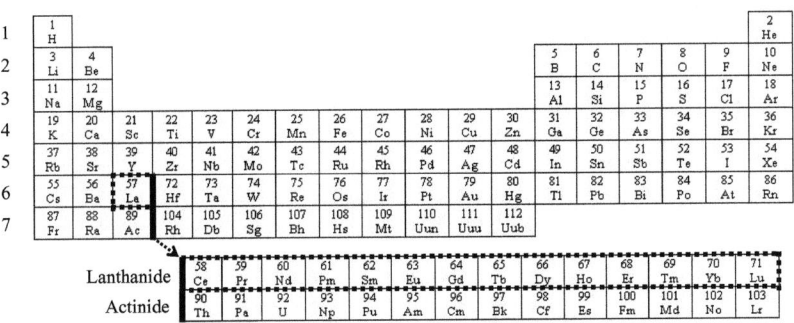

Figure 7 : Classification périodique des éléments chimiques, mettant en évidence la place des terres rares (lanthanides)

IV.2 Couche interne 4f et niveaux énergétiques

Les quinze lanthanides possèdent la même structure électronique externe ($5s^2 5p^6 6s^2$). Les niveaux 5s, 5p et 6s sont saturés, ce qui leur confère des propriétés chimiques semblables. La structure électronique complète de ces quinze éléments est donnée dans le tableau 1, la configuration [Xe] du xénon incluant les niveaux 5s et 5p. C'est la couche interne 4f, incomplètement peuplée, qui donne aux lanthanides des propriétés optiques propres.

Nombre atomique	Elément	Structure électronique
57	Lanthane (La)	[Xe] $6s^2\ 4f^0\ 5d^1$
58	Cérium (Ce)	[Xe] $6s^2\ 4f^2\ 5d^0$
59	Praséodyme (Pr)	[Xe] $6s^2\ 4f^3\ 5d^0$
60	Néodyme (Nd)	[Xe] $6s^2\ 4f^4\ 5d^0$
61	Prométhium (Pm)	[Xe] $6s^2\ 4f^5\ 5d^0$
62	Samarium (Sm)	[Xe] $6s^2\ 4f^6\ 5d^0$
63	Europium (Eu)	[Xe] $6s^2\ 4f^7\ 5d^0$
64	Gadolinium (Gd)	[Xe] $6s^2\ 4f^7\ 5d^1$
65	Terbium (Tb)	[Xe] $6s^2\ 4f^9\ 5d^0$
66	Dysprosium (Dy)	[Xe] $6s^2\ 4f^{10}\ 5d^0$
67	Holmium (Ho)	[Xe] $6s^2\ 4f^{11}\ 5d^0$
68	Erbium (Er)	[Xe] $6s^2\ 4f^{12}\ 5d^0$
69	Thulium (Tm)	[Xe] $6s^2\ 4f^{13}\ 5d^0$
70	Ytterbium (Yb)	[Xe] $6s^2\ 4f^{14}\ 5d^0$
71	Lutécium (Lu)	[Xe] $6s^2\ 4f^{14}\ 5d^1$

Tableau 1 : Les lanthanides et leur configuration électronique
([Xe] : configuration du xénon)

Généralement, l'ionisation des terres rares donne lieu à la formation d'ions trivalents (3+). La charge 3+ est due au départ de deux électrons de la couche externe 6s et d'un électron de la couche interne 4f, les couches externes 5s et 5p demeurant intactes. Les électrons restant sur le niveau 4f sont protégés des perturbations dues au champ environnant grâce aux couches extérieures qui jouent le rôle de « bouclier ». De cette façon, les transitions électroniques f → f, à l'origine des propriétés optiques particulières des terres rares, peuvent avoir lieu entre niveaux discrets, comme dans un ion libre. En d'autres termes, le champ extérieur a une influence bien moindre sur les longueurs d'onde d'émission et d'absorption des lanthanides que sur celles des ions issus d'autres éléments de transition (métaux de transition).

On constate par ailleurs sur le tableau 1 que le nombre d'électrons sur la couche 4f varie d'un lanthanide à un autre, avec un cas particulier : le lanthane, qui ne possède aucun électron de valence 4f, et qui est par conséquent optiquement passif [23]. Les autres terres rares présentent des propriétés optiques propres à chacune, en fonction du nombre d'électrons qu'elles possèdent sur le niveau 4f.

La figure 8 présente les différents niveaux énergétiques des ions trivalents de terres rares, de l'ion cérium Ce^{3+} à l'ion ytterbium Yb^{3+}. Ces niveaux sont dictés par le modèle vectoriel de couplage spin-orbite L-S (Russell-Saunders), dans lequel $\vec{L}$ désigne le moment angulaire orbital et $\vec{S}$ le moment de spin total des électrons. On forme le moment cinétique total $\vec{J}$ par $\vec{J} = \vec{L} + \vec{S}$. Connaissant le signe du coefficient de couplage de l'hamiltonien d'interaction spin-orbite (dépendant du fait que la couche soit plus ou moins qu'à moitié remplie), on peut déterminer la valeur de J pour le niveau fondamental à l'aide des deux premières règles de Hund [24].

Citons trois exemples :
- cas de l'ion erbium Er^{3+} : le terme fondamental est $^4I_{15/2}$ (J=15/2);
- cas de l'ion ytterbium Yb^{3+} : le terme fondamental est $^2F_{7/2}$ (J=7/2);
- cas de l'ion néodyme Nd^{3+} : le terme fondamental est $^4I_{9/2}$ (J=9/2).

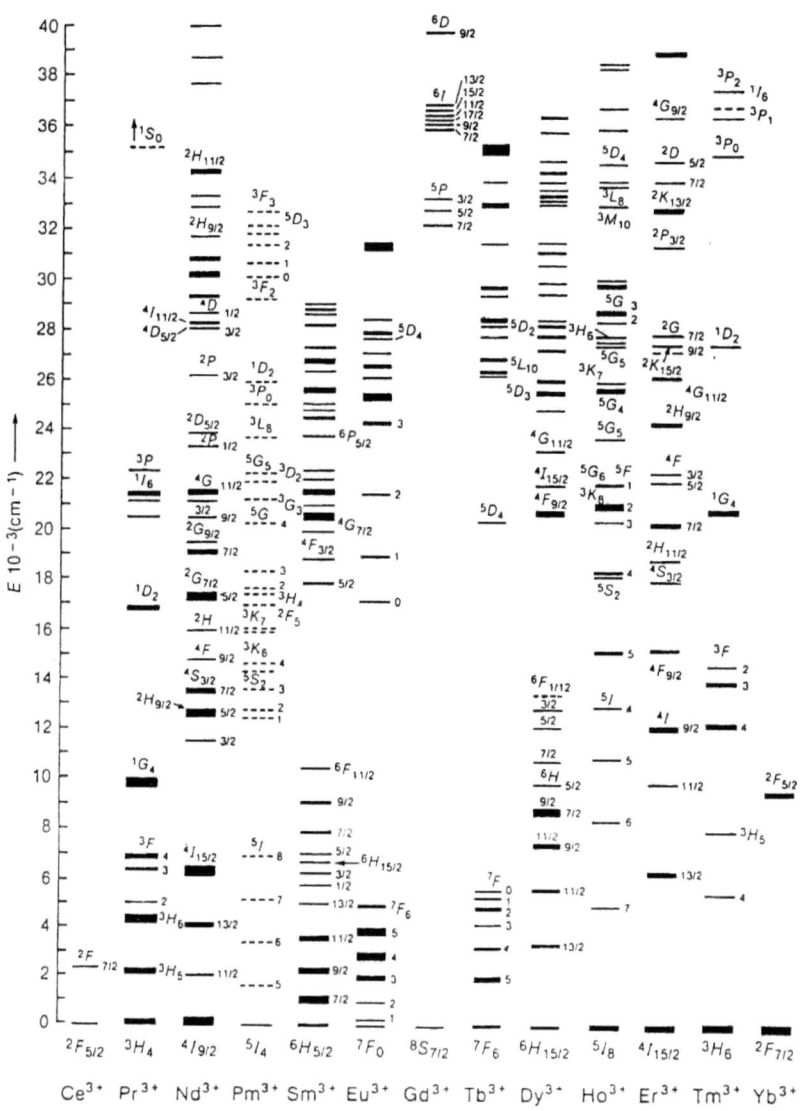

Figure 8 : Niveaux énergétiques des ions trivalents de terres rares (d'après [25])

IV.3 Incorporation dans les verres et spectroscopie

Nous nous intéressons maintenant à l'observation des spectres d'absorption et d'émission des ions actifs inclus dans les fibres optiques. L'allure de ces spectres est fortement dépendante du type de verre constituant les fibres. Il semble donc nécessaire de rappeler tout d'abord quelques caractéristiques essentielles des matériaux utilisés.

IV.3.1 Structures vitreuses

Différents matériaux permettent de fabriquer des fibres optiques : certains oxydes, fluorures, chalcogénures, halogénures, plastiques... Les matériaux les plus utilisés dans les télécommunications sont les verres d'oxyde de silicium (silice), dont les propriétés présentent de nombreux avantages :
- faible atténuation dans le proche infrarouge,
- indice de réfraction peu élevé,
- grande résistance mécanique,
- faible dilatation thermique,
- comportement faiblement hygroscopique.

De plus, la fabrication et la mise en œuvre de fibres optiques en silice sont aisées et maîtrisées, contrairement aux fibres en verres fluorés.

On peut considérer l'état vitreux comme un état intermédiaire entre l'état solide cristallin et l'état liquide. En effet, un verre est un matériau amorphe qui présente une structure désordonnée, sans périodicité, contrairement à une matrice cristalline.

SiO_2 est l'oxyde « formateur » de la silice vitreuse. Cette dernière est une structure composée d'éléments tétraédriques de base (silicates SiO_4, figure 9) reliés entre eux par des liaisons covalentes Si-O, dont l'atome d'oxygène est alors dit « pontant » [26].

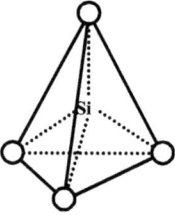

Figure 9 : Elément tétraédrique silicate (SiO$_4$) de la silice vitreuse

Pour modifier les propriétés optiques ou physiques du verre de silice, des ions dits « dopants » ou « modificateurs » du réseau sont introduits dans la structure :
- Le germanium, l'aluminium, le phosphore et le titane sont utilisés afin d'augmenter l'indice de réfraction.
- Le fluor, le phosphore et le bore sont des « fondants », car ils permettent d'abaisser la température de fusion de la silice.
- Le fluor et le bore peuvent en outre être utilisés pour abaisser l'indice de réfraction.

On parle alors de verres de silice « substitués ».

IV.3.2 Incorporation des terres rares dans la silice

L'introduction d'ions modificateurs du réseau (aluminium, germanium, phosphore) a pour premier effet d'élever l'indice de réfraction du cœur des fibres optiques. On parle de « codopants indiciels », et de matrices hôtes germanosilicate, aluminosilicate ou phosphosilicate. L'incorporation de ces ions modificateurs du réseau rend certains atomes d'oxygène « non pontants ». Comme c'est au niveau de ces atomes que peuvent s'intégrer les ions actifs, la solubilité de ces derniers dans la silice est augmentée. Ceci constitue un second effet bénéfique de l'introduction des ions modificateurs, dont l'ampleur dépend néanmoins de la terre rare considérée [27-29]. Si la concentration d'atomes d'oxygène non pontants est insuffisante, certains ions actifs incorporés vont devoir se « partager » un même ion O$^-$ qu'ils ont en commun. Il y a alors formation d'agrégats d'ions de terres rares, phénomène néfaste à l'amplification optique (Cf. paragraphe II.2 du chapitre II).

Les techniques de fabrication des fibres optiques dopées aux terres rares seront traitées dans la partie V de ce chapitre.

IV.3.3 Spectroscopie des terres rares dans une matrice de silice

Comme nous l'avons vu précédemment (partie III), l'interaction lumière/matière dans les fibres optiques dopées aux terres rares se caractérise par des échanges d'énergie entre niveaux discrets, correspondant à des collisions et à l'émission de particules (photons, atomes, phonons). Nous expliquons ci-dessous les raisons pour lesquelles les transitions énergétiques observées dans les fibres optiques amplificatrices ne sont jamais purement monochromatiques.

En premier lieu, tout niveau d'énergie correspondant à un état excité a une durée de vie finie, ce qui engendre le phénomène d'émission spontanée. Par analogie, on compare ce phénomène à la désexcitation d'un oscillateur amorti dont le taux de décroissance est égal à la durée de vie du niveau excité. Le champ émis présente donc une amplitude décroissante en fonction du temps, qui correspond par conséquent, dans l'espace de Fourier, à une raie non monochromatique. On parle d'<u>élargissement homogène</u> de la raie spectrale, car cet élargissement affecte identiquement tous les atomes du milieu, qui subissent des transitions caractérisées par le même élargissement. Il est à noter que l'élargissement homogène dépend de la matrice hôte accueillant les ions de terres rares [25,26].

Le spectre est également affecté d'un <u>élargissement inhomogène</u> lié aux irrégularités de la répartition spatiale des atomes dans la matrice hôte : pour une transition donnée, deux ions soumis à des champs cristallins différents ont des raies de fréquences différentes. On regroupe les ions de même fréquence v en « paquets » spectraux, v étant alors une variable aléatoire caractérisée par une loi de distribution généralement gaussienne. L'élargissement inhomogène est nettement plus important dans un matériau amorphe comme le verre que dans un cristal. En effet, la structure régulière de ce dernier induit de faibles variations spatiales du champ cristallin auquel les ions sont soumis [25,26].

Les élargissements homogène et inhomogène sont illustrés sur la figure 10. Les raies de largeur homogène Δv_h, correspondant aux différents paquets spectraux de fréquence v, sont incluses sous l'enveloppe gaussienne de largeur inhomogène Δv_{inh}. L'amplitude d'une raie est d'autant plus grande que le paquet spectral correspondant contient plus d'ions. Dans les matériaux amorphes comme la silice, l'élargissement inhomogène est nettement plus important que l'élargissement homogène.

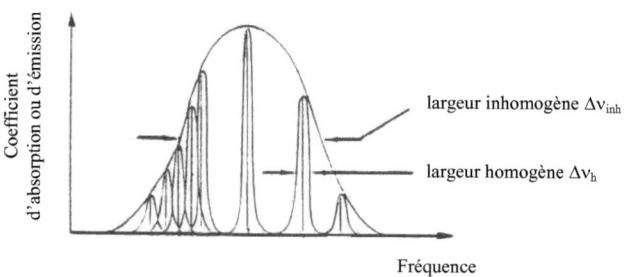

Figure 10 : Elargissements homogène et inhomogène d'une raie d'absorption ou d'émission (d'après [24])

Enfin, tout ion introduit dans une matrice est soumis à un champ cristallin : il subit l'effet Stark, c'est-à-dire l'éclatement de ses niveaux d'énergie initiaux en sous-niveaux Stark distincts, selon la règle de Kramers. Il en résulte une augmentation du nombre de transitions de l'ion. Par exemple, l'ion erbium à température ambiante voit ses niveaux $^4I_{13/2}$ et $^4I_{15/2}$ se décomposer respectivement en 7 et 8 sous-niveaux, ce qui autorise 56 transitions possibles [30].

En somme, l'allure du spectre d'émission ou d'absorption des ions de terres rares résulte d'une combinaison des élargissements homogène, inhomogène et de l'effet Stark. Ainsi, le spectre de raies représentatif des transitions intrinsèques d'un ion se transforme en spectre continu lorsque l'ion est incorporé dans une matrice inhomogène comme la silice.

La figure 11 montre le spectre d'absorption expérimental d'une fibre optique dopée à l'erbium à matrice aluminosilicate, mesuré de 300 à 1800 nm [31]. Chaque bande d'absorption correspond à une transition particulière. Nous distinguons nettement, sur ce spectre, deux longueurs d'onde privilégiées pour le pompage de l'ion erbium dans la silice :

→ 980 nm, correspondant à la transition entre le niveau fondamental ($^4I_{15/2}$) et le niveau $^4I_{11/2}$;

→ 1480 nm, correspondant à la transition entre le niveau fondamental et le niveau $^4I_{13/2}$, en tenant compte de l'éclatement de ces deux niveaux par effet Stark.

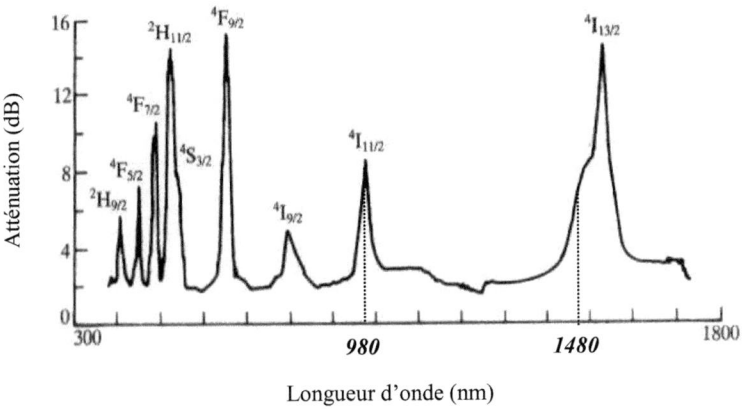

Figure 11 : Spectre d'absorption expérimental d'une fibre dopée à l'erbium à matrice aluminosilicate (d'après [31])

De même, sur la figure 12, on peut observer le spectre d'absorption d'une fibre optique dopée à l'ytterbium à matrice phosphosilicate, mesuré à température ambiante de 800 à 1100 nm [32]. Trois pics d'absorption apparaissent à 913, 940 et 975 nm, correspondant aux trois niveaux Stark du multiplet $^4F_{5/2}$ de l'ion ytterbium.

Les longueurs d'onde d'émission des terres rares dans une matrice de silice sont répertoriées sur la figure 13. Chaque ion peut émettre de la lumière sur une certaine plage spectrale. Exploitable dans la troisième fenêtre télécom (autour de 1,55 μm), l'erbium est très utilisé dans les amplificateurs à fibre. L'ytterbium présente des transitions radiatives sur une large bande autour de 1 µm, permettant de réaliser des sources accordables. Quant au néodyme, il est utilisé pour fabriquer des lasers émettant le plus souvent à 1064 nm, plus rarement à 1080 nm.

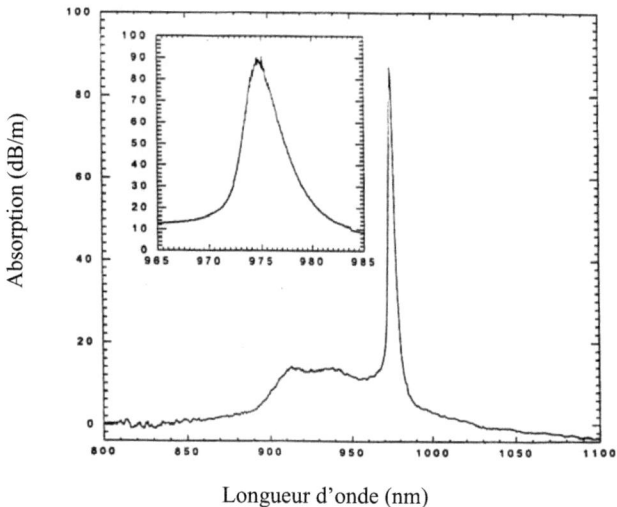

Figure 12 : Spectre d'absorption expérimental d'une fibre dopée à l'ytterbium à matrice phosphosilicate (d'après [32])

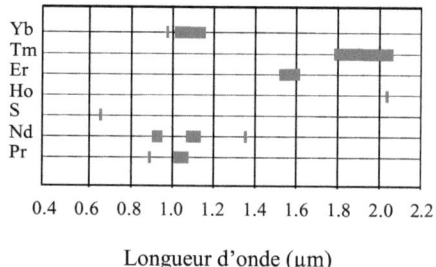

Figure 13 : Représentation schématique des principales transitions laser observées dans les fibres optiques en silice dopées aux terres rares (d'après [33])

Enfin, nous montrons ci-dessous l'effet du codopage indiciel sur les propriétés optiques de la terre rare incluse dans une fibre en silice. Les spectres d'absorption et d'émission expérimentaux de l'ion erbium dans des matrices aluminosilicate et germanosilicate [34] sont exposés sur la figure 14. On constate que les pics d'absorption et d'émission dépendent du codopage des fibres considérées, et que les spectres sont plus larges dans le cas d'une matrice aluminosilicate que dans le cas d'une matrice germanosilicate. Cela engendrera bien sûr des performances différentes en termes de gain[1] ou de bruit[1] pour ces deux types de fibres dopées à l'erbium.

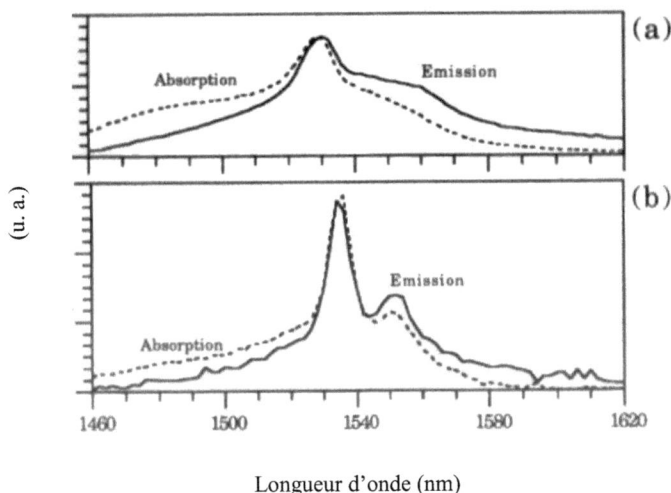

Figure 14 : Spectres d'absorption et d'émission mesurés
dans des fibres dopées à l'erbium (d'après [23])
    a) Matrice hôte de type aluminosilicate
    b) Matrice hôte de type germanosilicate

---

[1] Ces deux notions seront définies dans la partie III du chapitre II.

IV.3.4 Conclusion

Nous avons vu que les ions de terres rares incorporés dans une matrice amorphe comme la silice présentent des bandes spectrales d'absorption et d'émission relativement larges. Ce comportement constitue en fait un atout essentiel des fibres optiques amplificatrices, puisque :
- il en résulte une certaine liberté dans le choix des longueurs d'onde de pompe ;
- l'amplification de la lumière par émission stimulée peut avoir lieu sur de larges bandes spectrales.

Ces propriétés ne se retrouvent naturellement pas dans les barreaux amplificateurs massifs dont la matrice hôte est cristalline.

V Fabrication des fibres optiques en silice dopées aux terres rares

Rappelons qu'une fibre optique est obtenue à partir de l'étirage à haute température d'une préforme, barreau cylindrique de silice partiellement dopée dont la zone centrale, d'indice plus élevé, constituera le cœur de la fibre. Dans la grande majorité des cas, c'est cette zone centrale qui comporte des ions dopants, optiquement actifs ou non selon l'application désirée. Les dimensions des préformes sont de un à quelques centimètres pour le diamètre, et de 30 cm à plus d'un mètre pour la longueur.

V.1 Réalisation d'une préforme classique [26,35]

V.1.1 Réactions chimiques mises en jeu

Les nombreux procédés de fabrication de préformes de fibres optiques en silice sont fondés sur l'oxydation d'halogénures réactifs tels que $SiCl_4$, $GeCl_4$, $POCl_3$, SiF_4, BCl_3…

Un exemple typique de réaction est l'obtention de dioxyde de silicium par oxydation du tétrachlorure de silicium à la température de 1600 K, à pression atmosphérique et en présence d'un excès de dioxygène :

$$SiCl_4 + O_2 \xrightarrow{1600\ K} SiO_2 + 2Cl_2$$

Pour le dopage au germanium de la silice afin d'en augmenter l'indice de réfraction, le germanium est incorporé au réseau de silice sous forme de dioxyde de germanium, synthétisé par oxydation du tétrachlorure de germanium dans les mêmes conditions que ci-dessus :

$$GeCl_4 + O_2 \xrightarrow{1600\ K} GeO_2 + 2Cl_2$$

Les procédés de fabrication de préformes peuvent être classés en deux grands groupes : méthodes internes et externes.

V.1.2 Méthodes internes

Les méthodes internes mettent en jeu la technologie de dépôt chimique en phase vapeur, connue sous le nom de CVD (Chemical Vapor Deposition). Les halogénures sont entraînés par un gaz vecteur à l'intérieur d'un tube substrat de silice en rotation sur lui-même sur un axe horizontal, tube qui formera ensuite la gaine optique « support » de la fibre. Un chalumeau se déplaçant le long du tube permet de faire réagir les halogénures et le gaz. L'opération donne lieu à la formation, au dépôt puis à la vitrification par couches successives de suies de silice à l'intérieur du tube (figure 15a). Typiquement, en vue de réaliser une fibre optique standard, on dépose d'abord des couches de silice pure qui constitueront la gaine optique « déposée », puis des couches de silice dopée au germanium qui formeront le cœur. Enfin, sous haute température et pression contrôlée, le tube se referme sur lui-même pour former un cylindre plein : c'est l'opération de rétreint, qui conduit à l'obtention de la préforme finale (figure 15b).

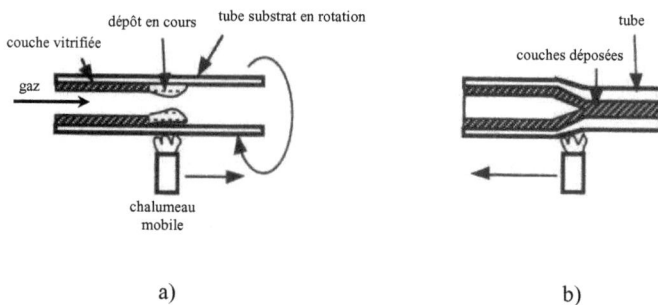

a)　　　　　　　　　　　b)

Figure 15 : Fabrication de préforme par technologie CVD (d'après [35])
　　a) Dépôt d'une couche
　　b) Rétreint

Voici quelques exemples de procédés internes :

- La méthode **MCVD** (Modified Chemical Vapor Deposition) est la plus répandue en dehors du Japon pour réaliser des préformes de fibres optiques en silice. Elle permet d'obtenir des matériaux d'une grande pureté avec un bon contrôle du profil d'indice.

- Le procédé PCVD (Plasma Chemical Vapor Deposition), dans lequel le chalumeau est remplacé par un plasma interne induit par un réacteur micro-onde. Ce procédé à haut rendement autorise un dépôt plus rapide et plus important, mais son coût est très élevé.

- La méthode IMCVD (Intrinsic Microwave Chemical Vapor Deposition) utilise une technologie micro-onde.

V.1.3 Méthodes externes

Les méthodes externes conviennent surtout aux profils à saut d'indice et permettent de réaliser des préformes de grande taille, donc des fibres de grande longueur. Elles utilisent la technologie OVD (Outside Vapor Deposition) : le dépôt de suies s'effectue, sur un mandrin de graphite ou d'alumine en rotation, grâce à un procédé d'hydrolyse à la flamme ou sous plasma. Le rétreint est réalisé en même temps que la vitrification du matériau après élimination du mandrin par perçage.

Exemples de procédés externes :

- La méthode VAD (Vapor Axial Deposition), qui consiste à engendrer une croissance axiale de la préforme, est très utilisée au Japon.
- La méthode ALPD (Axial Lateral Plasma Deposition) combine un dépôt axial (cœur) et un dépôt latéral par plasma.

V.2 Dopage aux terres rares de la préforme [26,36]

Il s'agit d'incorporer dans la zone centrale de la préforme, outre les dopants indiciels, des ions actifs de terres rares.

Au début des années 1960, la technique « Rod and Tube » consistait à entourer un barreau de verre dopé aux terres rares d'un tube de silice. Elle a permis de réaliser les premières fibres optiques dopées aux terres rares [37,38]. Mais cette technique a été peu utilisée par la suite [39] et ne sera pas détaillée ici.

Les techniques modernes de dopage aux terres rares des préformes de silice sont en fait dérivées des méthodes présentées dans le paragraphe précédent. Nous ne présenterons ici que le dopage aux terres rares par MCVD, très répandu, qui peut être réalisé en phase vapeur ou en phase liquide.

V.2.1 Dopage en phase vapeur

Le dopage aux terres rares en phase vapeur [7] s'effectue en même temps que le dépôt des différentes couches de suie constituant le cœur. Il s'agit de chauffer des cristaux d'halogénures de terres rares disposés en amont du tube substrat. Ces halogénures peuvent être placés dans une chambre sous forme de sel fondu (figure 16a), dans une éponge de silice poreuse (figure 16b) ou encore dans un tube alimenté par un halogénure d'aluminium (figure 16c), cette dernière configuration engendrant un dépôt combiné d'aluminium et d'ions de terres rares.

Notons que la volatilité des ions de terres rares est supérieure à celle des dopants indiciels et pose par conséquent problème lorsque l'on souhaite réaliser un dopage en phase vapeur par l'une des trois méthodes mentionnées ci-dessus.

Ce problème de volatilité peut cependant être contourné grâce à l'utilisation du dopage par aérosol, qui ne nécessite pas de chauffage et permet d'envoyer un nuage d'espèces non volatiles dans la préforme. Cette méthode est celle qui permet d'incorporer la plus grande variété d'ions.

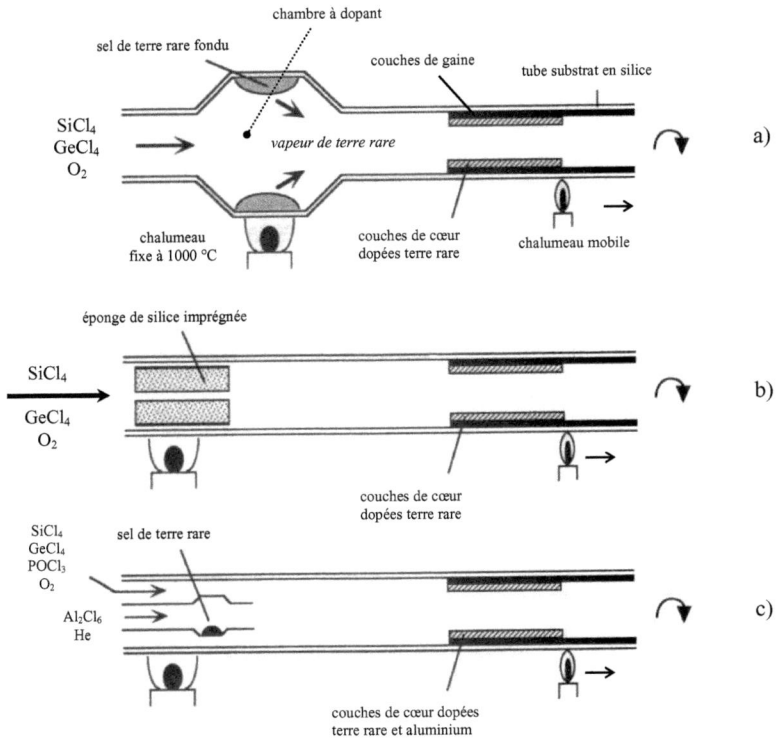

Figure 16 : Dopage aux terres rares en phase vapeur à partir de la méthode MCVD
       a) Utilisation d'une chambre à dopant
       b) Utilisation d'une éponge imprégnée
       c) Codopage terre rare – aluminium

V.2.2 Dopage en phase liquide

Le dopage par diffusion ionique en phase liquide [11] combiné avec la méthode MCVD est couramment utilisé dans la fabrication industrielle de fibres optiques en silice dopées aux terres rares. Il est plus facile à mettre en œuvre que le dopage en phase vapeur et permet d'atteindre des concentrations en dopants plus importantes.

Le procédé débute par le dépôt et la vitrification des couches de gaine dans le tube substrat, de la même façon que dans le cas d'une préforme standard. Le dépôt du cœur est ensuite réalisé à basse température afin d'obtenir un matériau poreux, pas complètement vitrifié (figure 17a). Le tube est alors placé verticalement et rempli d'une solution aqueuse (eau désionisée) ou alcoolique (méthanol, propanol) du sel de terre rare, qu'on laisse diffuser quelques heures dans les suies constitutives de la couche de cœur (figure 17b). Par la suite, on procède au séchage sous flux gazeux (dichlore – dioxygène) de la couche imprégnée, puis à sa vitrification (figure 17c). Le séchage doit être effectué avec soin, en particulier si l'on a utilisé une solution aqueuse, les molécules d'eau fragilisant les fibres optiques en silice et engendrant de fortes pertes. Quant à la vitrification, elle a lieu sous chauffage progressif afin de faire évacuer par l'intérieur du tube les gaz emprisonnés dans les pores.

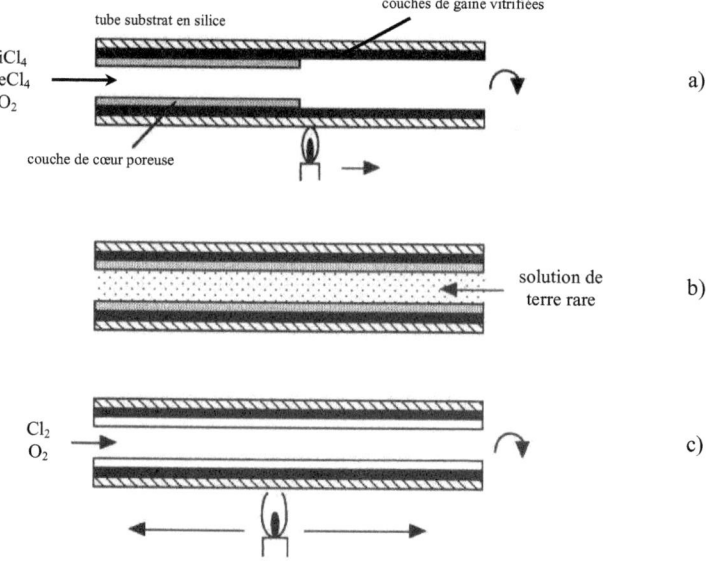

Figure 17 : Dopage aux terres rares en phase liquide à partir de la méthode MCVD
(d'après [23])
a) Dépôt d'une couche de cœur poreuse
b) Diffusion ionique de la terre rare dans la couche de cœur
c) Séchage et vitrification

La fabrication d'une préforme dopée aux terres rares s'achève bien sûr, comme dans le cas d'une préforme standard, par l'opération de rétreint, que le dopage aux terres rares ait été réalisé en phase vapeur ou en phase liquide.

V.3   Etirage

Après avoir été contrôlée (profil d'indice, ovalité, régularité longitudinale...), la préforme est placée en haut d'une tour de fibrage (figure 18). Un four à induction permet d'en chauffer la partie inférieure à environ 1800 °C, température à laquelle la silice a une viscosité suffisamment faible pour être étirée. La goutte de silice formée par gravité descend à l'intérieur d'un tube dans lequel règne une légère surpression d'argon afin de protéger la silice de l'humidité. A la sortie du tube, la fibre est enduite d'une résine de protection immédiatement polymérisée dans un four à rayons ultraviolets. Enfin, la fibre est enroulée sur un tambour précédé d'un cabestan dont la vitesse de rotation est asservie par un système de contrôle du diamètre. En production, on atteint de nos jours des vitesses de l'ordre de 20 m/s.

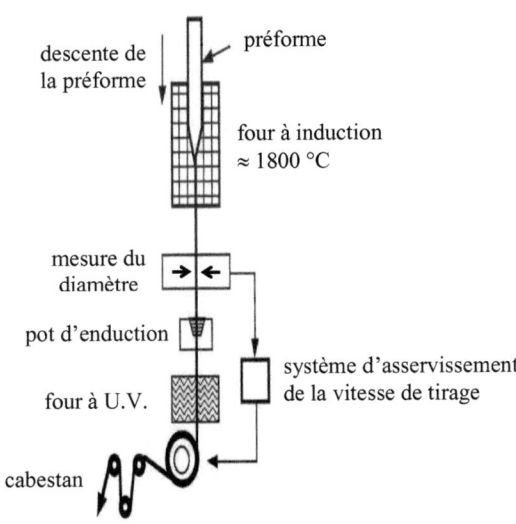

Figure 18 : Schéma synoptique d'une tour de fibrage (d'après [35])

Selon que l'on désire réaliser une fibre optique amplificatrice monomode ou à double gaine[1], on utilise différentes sortes de résines d'enduction : pour les fibres monomodes, ce sont les résines époxy-acrylate, qui présentent un indice de réfraction légèrement plus fort que celui de la silice ; pour les fibres à double gaine, il s'agit le plus souvent de résines silicone, dont l'indice est très bas. Ces deux types de résines sont polymérisables soit aux rayons ultraviolets, soit à la chaleur. La rapidité de la polymérisation sous UV permet d'effectuer l'étirage à plus grande vitesse que lors de l'utilisation d'un simple chauffage.

---

[1] Voir le procédé de fabrication des fibres optiques à double gaine dans le paragraphe I.3 du chapitre III.

Chapitre II

CHAPITRE II

Les amplificateurs à fibres optiques dopées aux terres rares

*Nous nous intéressons dans ce chapitre aux **amplificateurs à fibres optiques dopées aux terres rares**. Nous présentons tout d'abord les différents types de pompage de ces amplificateurs, ainsi que la notion de section efficace d'absorption ou d'émission. Nous abordons ensuite les différents phénomènes d'interaction lumière/matière entrant en jeu dans les amplificateurs à fibres, dont quelques caractéristiques sont finalement données.*

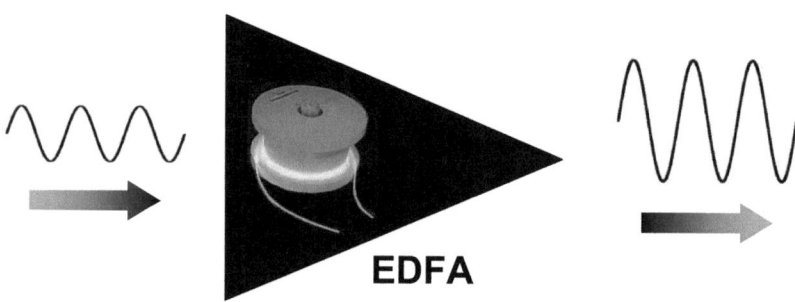

I   Eléments fondamentaux

I.1   Schéma synoptique d'un amplificateur

Le schéma synoptique d'un amplificateur à fibre monomode typique est présenté sur la figure 19. L'ensemble fondamental comprend un tronçon de fibre dopée aux terres rares, une diode laser de pompe et un coupleur. La longueur du tronçon de fibre peut aller de quelques mètres à quelques dizaines de mètres. Le coupleur multiplexeur permet de multiplexer en longueur d'onde le signal et la pompe afin d'injecter simultanément les deux longueurs d'onde dans la fibre dopée avec des pertes minimales. En sortie, un filtre optique passe-bande centré sur λ_S et de largeur spectrale $\Delta \nu$ permet de bloquer la propagation dans la ligne du résidu de pompe et de limiter le bruit.

Des isolateurs optiques peuvent en outre être placés à différentes positions selon les conditions d'utilisation et la qualité de l'amplificateur exigée. Les isolateurs ISO_1 et ISO_2 protègent respectivement les sources de pompe et de signal afin d'en assurer la stabilité et d'éviter leur éventuelle détérioration. L'isolateur ISO_3 bloque le signal susceptible d'arriver en sens inverse par la ligne aval et d'être par conséquent amplifié, ce qui pourrait engendrer l'apparition d'une oscillation par amplification d'ondes réfléchies. En effet, l'amplification par la fibre dopée est par nature bidirectionnelle.

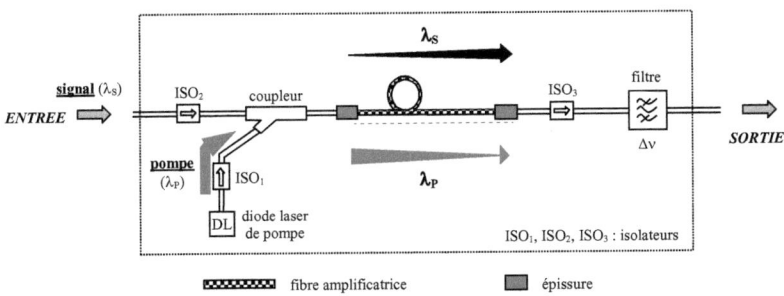

Figure 19 : Schéma synoptique d'un amplificateur à fibre

Afin de réduire les pertes aux raccordements entre fibres amplificatrices et fibres de ligne, on peut utiliser la technique de soudage par multirefusion[1], mais aussi des fibres adaptatrices de mode [40].

I.2 Différents types de pompage

I.2.1 Pompage copropagatif et/ou contrapropagatif

Dans un amplificateur à fibre, l'onde de pompe peut être injectée dans le même sens que le signal (pompage copropagatif, figure 20a), ou bien en sens inverse (pompage contrapropagatif, figure 20b), ou encore dans les deux sens simultanément (pompage bidirectionnel, figure 20c).

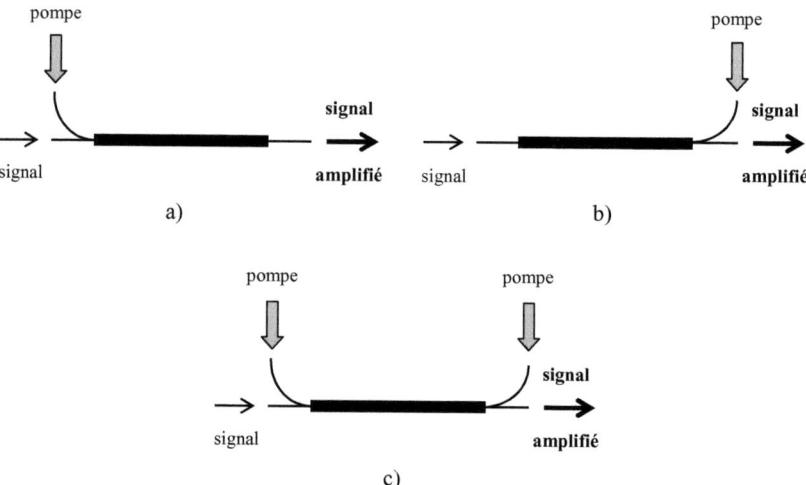

Figure 20 : Différentes configurations de pompage d'une fibre amplificatrice
    a) Pompage copropagatif
    b) Pompage contrapropagatif
    c) Pompage bidirectionnel

---

[1] L'annexe I présente les travaux théoriques et expérimentaux que nous avons réalisés lors d'une étude de la perte aux connexions entre fibres optiques monomodes dopées aux terres rares et fibres optiques monomodes standard, en fonction du sens de propagation de la lumière et du nombre de fusions.

Le type de pompage utilisé est un paramètre clé de l'amplificateur à fibre, puisque l'inversion de population le long de la fibre, qui conditionne les performances de l'amplificateur, dépend fortement du sens de propagation de la pompe.

Bien sûr, on souhaite que la puissance du signal augmente au cours de la propagation dans la fibre. Dans le cas du pompage copropagatif, plus le signal progresse dans la fibre, plus il consomme d'inversion de population pour continuer à s'amplifier et plus la puissance de pompe diminue. On voit donc qu'au-delà d'une certaine longueur de fibre, la puissance de pompe devient insuffisante pour permettre l'inversion de population nécessaire, ce qui limite le gain accessible. Au contraire, dans le cas du pompage contrapropagatif, l'onde de pompe est maximale du côté de la sortie du signal (fort) et atténuée du côté de l'entrée du signal (faible). L'évolution longitudinale de la puissance de pompe est donc plus adaptée pour l'amplification du signal tout au long de la fibre et permet d'accéder à un gain supérieur. En contrepartie, la dégradation du rapport signal à bruit à la traversée de la fibre est plus importante [36].

Le pompage dans les deux sens peut être encore plus efficace, mais il est plus coûteux. Il est notamment utilisé dans les amplificateurs pour liaisons sous-marines. Dans ces amplificateurs bidirectionnels, l'énergie de deux sources de pompe est partagée entre les voies montante et descendante afin d'assurer la sécurisation du dispositif qui peut continuer de fonctionner avec une seule source de pompe (figure 21).

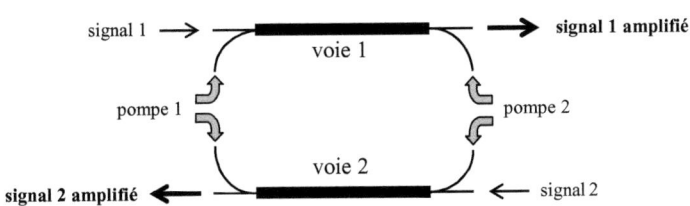

Figure 21 : Amplificateur bidirectionnel à pompage dans les deux sens

Enfin, certains montages intègrent un miroir sélectif en longueur d'onde en bout de fibre, qui permet de réinjecter dans la fibre le résidu de pompe non absorbé après la première traversée (figure 22), afin de tirer parti au mieux de la puissance de pompe.

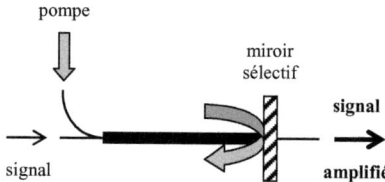

Figure 22 : Amplificateur à réinjection du résidu de pompe

I.2.2 Pompage monomode ou multimode

I.2.2.1 Pompage monomode [36]

Le pompage des fibres amplificatrices monomodes est réalisé longitudinalement, c'est-à-dire en extrémité de fibre, par des diodes laser à semi-conducteur transversalement monomodes [41]. Celles-ci peuvent être suivies d'une optique de focalisation ou bien préalablement fibrées, auquel cas une soudure est réalisée entre la fibre d'amenée de la pompe et le coupleur situé à l'entrée de l'amplificateur. Le rendement d'injection peut atteindre des valeurs très élevées (jusqu'à 90%). Ce sont en fait les performances des sources qui constituent une limitation pour ce type d'amplificateur. Actuellement, la puissance disponible en sortie de diode laser monomode transverse ne dépasse pas 200 mW dans le commerce. Seules les diodes laser amplifiées de type MOPA[1], de durée de vie très limitée, peuvent fournir jusqu'à 500 mW dans une fibre optique monomode.

I.2.2.2 Pompage multimode

Pour travailler avec de plus fortes puissances de pompe, il faut utiliser des diodes laser multimodes à large surface émissive, pouvant délivrer de quelques watts à plus d'une dizaine de watts [42,43]. Ces sources ne permettent pas de pomper efficacement les fibres optiques amplificatrices monomodes, car la fraction de puissance

---

[1] Master Oscillator Power Amplifier.

qu'elles émettent et qui est effectivement injectée dans le cœur de ces fibres est faible (de l'ordre de l'inverse du nombre de modes transverses de la diode). C'est pourquoi ces diodes sont utilisées pour être couplées à des fibres dopées aux terres rares à double gaine. La forte proportion de l'onde de pompe injectée dans la gaine multimode de la fibre doit ensuite être couplée le plus efficacement possible dans le cœur central monomode.

Le pompage multimode des fibres à double gaine peut être réalisé longitudinalement, comme dans le cas du pompage monomode. Cependant, la particularité de ces fibres est de faire propager l'énergie de pompe dans une zone à très forte ouverture numérique, ce qui rend alors possible l'utilisation d'un pompage transverse, c'est-à-dire par le côté, permettant de libérer les deux extrémités de la fibre. Il existe différentes techniques de pompage transverse : par prisme [44,45] (technique peu utilisée, figure 23a), par « encoche en V »[1] [46,47] (figure 23b). Avec la technique de l'encoche, le rendement d'injection atteint couramment 90% [48].

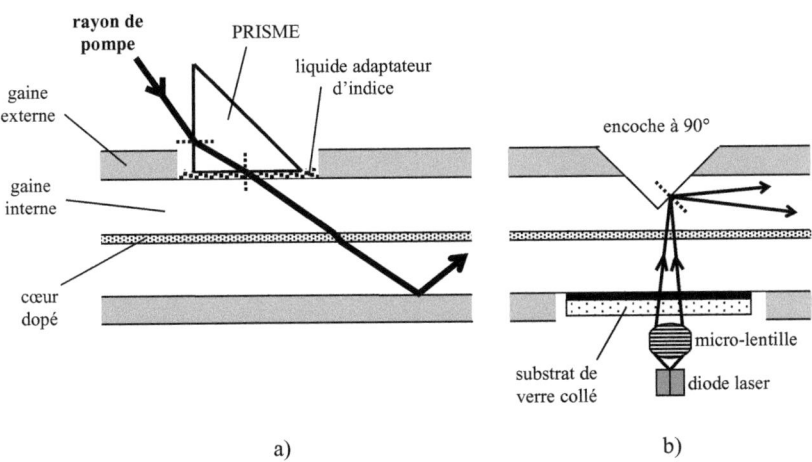

Figure 23 : Techniques de pompage transverse des fibres amplificatrices à double gaine
a) Par prisme
b) Par encoche

I.3 Sections efficaces d'absorption et d'émission

Comme nous l'avons vu précédemment (paragraphe IV.3.3 du chapitre I), les élargissements spectraux et l'effet Stark ont une influence sur les transitions énergétiques mises en jeu dans un amplificateur. A température donnée, la capacité d'une fibre amplificatrice à absorber ou émettre de la lumière à une certaine longueur d'onde doit donc être décrite de façon statistique. Cette description est obtenue grâce à la notion de **section efficace**, grandeur homogène à une surface et dépendant de la longueur d'onde, qui, associée à une transition, est d'autant plus grande que cette transition est plus probable. Nous définissons ci-après les sections efficaces d'absorption et d'émission.

Considérons un flux lumineux incident de puissance P_0 et de longueur d'onde λ arrivant sur un matériau de surface S et d'épaisseur Δz, contenant des ions absorbants dont la densité volumique est notée η_a (figure 24). On peut définir la section efficace d'absorption $\sigma_a(\lambda)$ comme la surface de capture d'un ion absorbant à la longueur d'onde λ. De cette façon, en supposant que les ions ne sont pas superposés, la surface absorbante totale vue par le flux lumineux est $S_{abs} = (\eta_a \cdot S \cdot \Delta z).\sigma_a$. Si on admet en outre que les ions ne réémettent pas de lumière, la puissance absorbée ΔP par le matériau est donnée par :

$$\Delta P = \frac{S_{abs}}{S} P = \eta_a \Delta z \sigma_a P \quad (5)$$

D'où la décroissance exponentielle de la puissance lumineuse traversant le matériau :

$$P(z) = P_0 \, e^{-\eta_a \sigma_a z} \quad (6)$$

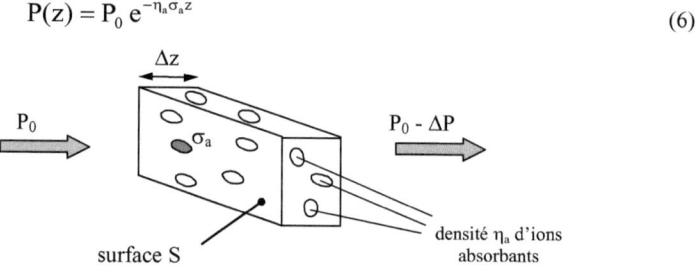

Figure 24 : Représentation symbolique de la notion de section efficace d'absorption

---

[1] « V-groove » en anglais.

On définit de la même façon la section efficace d'émission $\sigma_e(\lambda)$. En définitive, les courbes $\sigma_a(\lambda)$ et $\sigma_e(\lambda)$ témoignent du comportement moyen de la totalité des ions actifs d'une fibre amplificatrice. Nous donnons figure 25 des exemples de courbes expérimentales $\sigma_a(\lambda)$ et $\sigma_e(\lambda)$ pour les ions erbium et ytterbium, mesurées dans des fibres de silice produites en milieu industriel.

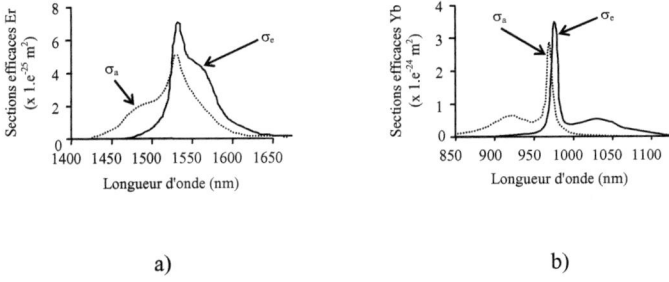

a)   b)

Figure 25 : Sections efficaces d'absorption et d'émission des ions erbium (a) et ytterbium (b) mesurées dans des fibres de silice

II Phénomènes d'interaction lumière/matière entrant en jeu

Dans le premier chapitre, nous avons abordé les notions essentielles relatives à l'amplification optique. Nous détaillons dans ce paragraphe les différents phénomènes d'interaction lumière/matière entrant en jeu dans le fonctionnement d'un amplificateur à fibre optique. Ces phénomènes interviennent tout au long de la fibre, sur quelques mètres à quelques dizaines de mètres de propagation. Les performances de l'amplificateur dépendant de leur distribution longitudinale, la longueur de la fibre optique constitue un paramètre clé de l'amplificateur. Nous soulignons l'influence, bénéfique ou néfaste, de ces phénomènes d'interaction lumière/matière sur les performances de l'amplificateur.

II.1 Absorption de la pompe et du signal

II.1.1 Absorption par état fondamental

Dans les systèmes à trois niveaux (comme l'erbium pompé à 980 nm afin d'amplifier à 1550 nm), l'**absorption de photons par des ions à l'état fondamental**[1] intervient à la longueur d'onde de pompe λ_P, mais aussi de signal λ_S. Pour quantifier la capacité intrinsèque de la fibre amplificatrice à absorber la pompe et le signal par état fondamental, on utilise les sections efficaces respectives $\sigma_{GSA}(\lambda_P)$ et $\sigma_{GSA}(\lambda_S)$.

La quantité réelle de photons de pompe et de signal absorbés par état fondamental dépend bien sûr de la densité d'ions non excités (c'est-à-dire présents sur le niveau fondamental), donc de l'inversion de population. Plus précisément, tant que l'inversion de population est forte, l'émission stimulée de photons à λ_S l'emporte sur l'absorption par état fondamental de photons à λ_S, et le signal guidé dans la fibre est globalement amplifié. Au contraire, si l'inversion de population est insuffisante en un point de la fibre, l'absorption du signal devient prédominante et ce dernier s'atténue. Typiquement, dans le cas d'un pompage copropagatif, le signal est fortement amplifié en début de fibre puis s'atténue à partir d'une certaine longueur de propagation, ceci mettant en évidence la notion de *longueur optimale* d'amplificateur.

---

[1] En anglais, GSA pour « Ground State Absorption ».

Généralement, dans un amplificateur à fibre, on cherche à éviter l'absorption par état fondamental de photons à la longueur d'onde de signal afin d'obtenir un gain maximal. Nous verrons cependant dans le chapitre IV que cette absorption du signal peut être mise à profit afin de modifier la forme de la courbe donnant l'évolution du gain de l'amplificateur en fonction de la longueur d'onde.

Nous rappelons que les systèmes à quatre niveaux ne sont pas sujets à réabsorption du signal par état fondamental. Ainsi, dans ce type d'amplificateur, si l'inversion de population est insuffisante en un point de la fibre, le signal n'est ni absorbé ni amplifié, mais continue de se propager comme dans un milieu optiquement passif.

La figure 26 montre les différentes transitions énergétiques de type GSA et les longueurs d'onde associées dans le cas de l'ion erbium incorporé dans une matrice de silice.

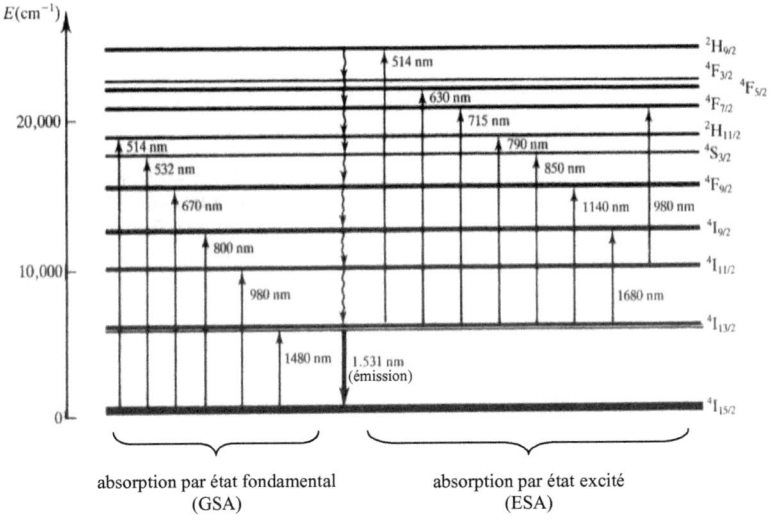

Figure 26 : Absorption par état fondamental et par état excité de l'ion erbium dans une matrice de silice ; transitions énergétiques et longueurs d'onde correspondantes

(d'après [31])

II.1.2 Absorption par état excité

Il est possible qu'un ion à l'état excité absorbe de nouveau un photon, ce qui amène alors cet ion à un niveau d'énergie encore plus élevé. Il s'agit de l'**absorption par état excité**[1], qui peut intervenir aux longueurs d'onde de pompe et de signal. Ensuite, l'ion se désexcite en donnant lieu à l'émission de phonons et/ou d'un photon.

- *Absorption par état excité de la pompe* :

Dans le cas de l'ESA à la longueur d'onde de pompe, l'ion « doublement » excité peut perdre son énergie de deux manières différentes, c'est-à-dire en retombant :
- soit au niveau haut de la transition laser (a) ;
- soit au niveau fondamental (b).

Dans le cas (a), la désexcitation de l'ion est radiative ou non. Ensuite, l'ion est disponible pour participer à l'émission stimulée. L'ESA a donc conduit à la dépense inutile d'un photon de pompe.

Dans le cas (b), la désexcitation totale de l'ion s'accompagne de l'émission de phonons et d'un photon de longueur d'onde inférieure à λ_P. On parle « d'*up-conversion* » car le photon émis est plus énergétique qu'un photon de pompe. Ainsi, dans ce cas ont été gaspillés l'énergie d'excitation préalable d'un ion plus un photon de pompe incident sur cet ion excité, soit l'équivalent énergétique de deux photons de pompe.

La figure 27 donne un exemple d'ESA à la longueur d'onde de pompe suivie d'une *up-conversion* : l'erbium, dans la silice, pompé à 980 nm et réémettant à 550 nm. Expérimentalement, ce phénomène est mis en évidence par la « luminescence d'*up-conversion* », qui s'étend de 525 à 550 nm et apparaît pour de fortes puissances de pompe à 980 nm. On retrouve d'ailleurs un comportement similaire lorsque la longueur d'onde de pompe est voisine de 1,48 µm, avec une luminescence d'*up-conversion* apparaissant alors à 980 nm [31].

---

[1] En anglais, ESA pour « Excited State Absorption ».

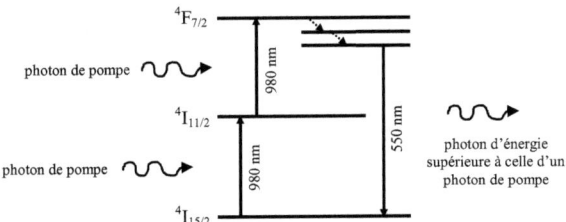

Figure 27 : Absorption par état excité et *up-conversion* de l'erbium dans une matrice de silice (flèches en pointillés : transitions non radiatives)

Dans les deux cas précédents, l'ESA est un phénomène néfaste engendrant la dépense inutile d'une part de la puissance de pompe dans des transitions énergétiques non voulues. Cette proportion d'énergie gaspillée dépend du rapport δ des sections efficaces d'absorption par état excité et par état fondamental à la longueur d'onde de pompe [31] :

$$\delta = \frac{\sigma_{ESA}(\lambda_P)}{\sigma_{GSA}(\lambda_P)} \qquad (7)$$

Le phénomène ESA a été largement étudié dans le cas des fibres optiques dopées à l'erbium [49,50]. Sur la figure 26, on peut voir les transitions de type ESA possibles pour cet ion dans la silice. En particulier, les transitions à 790 et 980 nm sont remarquables, puisqu'elles correspondent à des pics d'absorption de l'erbium, donc à des longueurs d'onde de pompage potentielles. En fait, la valeur σ_{ESA}(980 nm) est très faible, et l'absorption par état excité est négligeable à 980 nm. Par contre, on doit nécessairement tenir compte du phénomène ESA lors de pompages à 790 nm.

Pour quantifier cela, on montre sur la figure 28 le spectre d'absorption de type GSA (spectre SA1). Sous fort pompage (c'est-à-dire lorsque la plupart des ions sont sur le niveau métastable $^4I_{13/2}$), un second spectre d'absorption SA2 est mesuré. La différence SA2-SA1 est superposée au spectre SA1 [29]. Une différence négative correspond à une plage spectrale sans absorption (transmission maximale). Lorsque la courbe différence est symétrique d'un pic entier de la courbe GSA, comme c'est le cas à 980 nm, il n'y a pas d'ESA dans la bande concernée (SA2 = 0). Au contraire, une différence positive indique une zone à forte ESA, mise notamment en évidence par le pic à 790 nm.

- *Absorption par état excité du signal* :

L'absorption par état excité à la longueur d'onde de signal est aussi un phénomène néfaste qui réduit le gain potentiel de l'amplificateur. A titre d'exemple, dans une fibre en silice dopée au néodyme, le signal à 1,32 µm peut être absorbé à partir du niveau métastable $^4F_{3/2}$ [25] (figure 29).

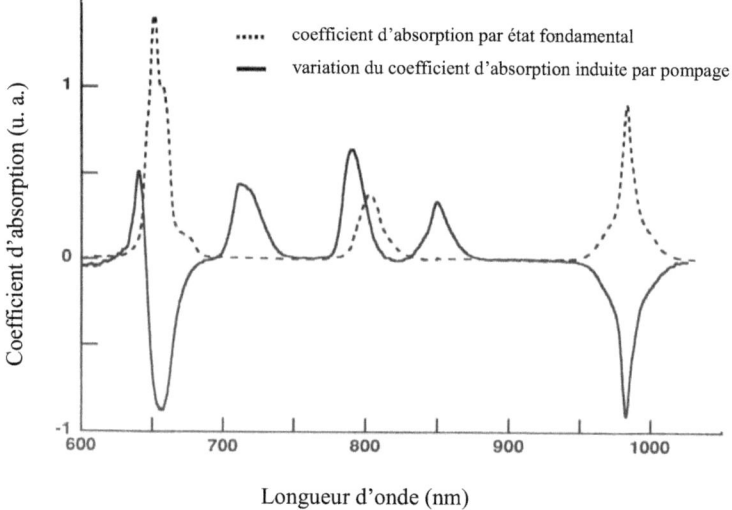

Figure 28 : Comparaison du coefficient d'absorption par état fondamental et de la variation du coefficient d'absorption induite par pompage mesurés dans une fibre en silice dopée à l'erbium (d'après [29])

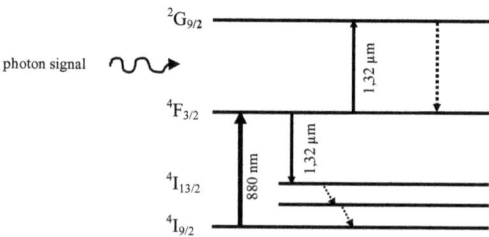

Figure 29 : Absorption par état excité du signal dans la silice dopée au néodyme

II.2 Transfert coopératif d'énergie entre deux ions

Lorsque la concentration des ions de terre rare augmente, la distance interionique diminue et différents phénomènes de transfert d'énergie, la plupart du temps néfastes, peuvent apparaître entre ions de même nature ou non (cas des fibres optiques codopées avec deux terres rares). Chacun de ces phénomènes est présenté sur la figure 30 et explicité ci-après.

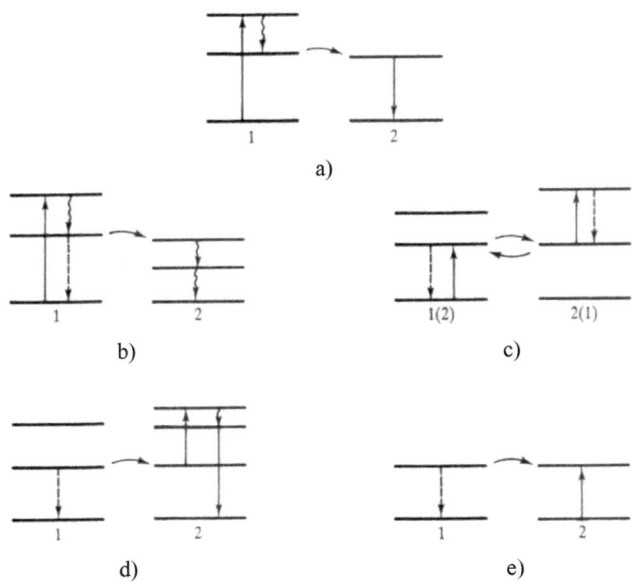

Figure 30 : Différents types de transfert coopératif d'énergie entre ions donneur (1) et accepteur (2) (d'après [31])

a) Fluorescence sensibilisée (*sensitized fluorescence*)
b) Extinction de fluorescence (*fluorescence quenching*)
c) Relaxation croisée (*cross-relaxation*)
d) *Up-conversion* coopérative (*cooperative frequency up-conversion*)
e) Migration résonante d'énergie (*resonant energy migration*)

Les flèches pleines indiquent les transitions radiatives, les flèches ondulées les désexcitations non radiatives et les flèches en pointillés les relaxations par transfert coopératif d'énergie.

Fluorescence sensibilisée (figure 30a) :

L'ion donneur, appelé aussi sensibilisateur, transmet son énergie à l'ion accepteur, appelé aussi activateur, qui se désexcite en donnant lieu à de la fluorescence.
Ce phénomène peut notamment se produire dans le cas des paires d'ions ytterbium/erbium, avec l'erbium comme accepteur. Il est ainsi mis à profit dans les fibres optiques codopées erbium/ytterbium, dans lesquelles les ions ytterbium, en grand nombre, sont pompés dans leur large bande d'absorption (900 à 1000 nm) par des diodes laser puissantes [51,52]. Les ions erbium ayant reçu l'énergie des ions ytterbium peuvent alors participer à l'amplification du signal à 1,55 µm. On parle de « pompage coopératif », dont le rendement n'est d'ailleurs pas très élevé car seule une faible part des ions ytterbium contribuent au transfert d'énergie.

Extinction de fluorescence (figure 30b) :

Il s'agit comme ci-dessus d'un transfert d'énergie du donneur à l'accepteur, à la différence près qu'ici, l'accepteur n'émet pas de fluorescence mais se désexcite de façon non radiative. L'émission potentielle de fluorescence par le donneur a donc été annulée, d'où l'appellation de ce phénomène.
L'extinction de fluorescence apparaît par exemple avec les paires d'ions erbium/néodyme.

Relaxation croisée (figure 30c) :

L'ion donneur transmet son énergie à l'ion accepteur qui atteint alors un niveau d'énergie supérieur. Initialement, l'accepteur peut être soit à l'état excité, soit à l'état fondamental, c'est-à-dire que le transfert d'énergie peut se faire dans les deux sens, comme l'indique la figure.
Si les deux intervalles d'énergie mis en jeu sont identiques, le transfert d'énergie est dit résonant. Sinon, l'écart énergétique est compensé par l'émission d'un ou plusieurs phonons. La relaxation croisée par transfert résonant d'énergie peut avoir lieu entre deux ions de même nature, engendrant la suppression partielle ou totale de la fluorescence (d'où le nom de « *self-quenching* »).

Notons par ailleurs que la relaxation croisée est utilisée dans les fibres optiques codopées erbium/ytterbium pompées à 1064 nm [23].

Up-conversion coopérative (figure 30d) :

Il s'agit d'un cas particulier de relaxation croisée dans lequel l'ion accepteur est initialement à l'état excité. Après avoir gagné une énergie supplémentaire hv, il se désexcite de manière non radiative vers un niveau assez proche, puis jusqu'au niveau fondamental avec émission d'un photon d'énergie hv' supérieure à hv.

Nous avons vu précédemment que l'absorption par état excité pouvait aussi mener à un phénomène d'*up-conversion*. La différence entre *up-conversion* après ESA et *up-conversion* coopérative réside dans le nombre d'ions mis en jeu, soit respectivement un et deux. Dans les deux cas, il s'agit d'un phénomène non négligeable qui consomme inutilement de l'énergie et limite de ce fait les performances de l'amplificateur à fibre.

Migration résonante d'énergie (figure 30e) :

En se relaxant, l'ion donneur transmet son énergie hv à l'ion accepteur qui était initialement à l'état fondamental. A son tour, l'accepteur devient donneur potentiel vis-à-vis des ions à sa proximité. Ainsi, l'énergie hv peut migrer spatialement et de façon aléatoire à travers la matrice hôte.

Pour limiter les transferts d'énergie interioniques non voulus, on lutte contre la formation d'agrégats d'ions de terres rares en réalisant un codopage de la silice à l'aluminium, au germanium ou encore au phosphore. On peut ainsi atteindre des concentrations de l'ordre de plusieurs centaines de ppm pour l'erbium et de plusieurs milliers de ppm pour l'ytterbium.

On emploie aussi le lanthane, terre rare optiquement neutre, comme codopant de la silice [53]. Utilisé à forte concentration, celui-ci permet de limiter sensiblement l'*up-conversion* coopérative en séparant les ions actifs de terres rares dans les agrégats.

II.3 Emission spontanée amplifiée

En tout point pompé d'une fibre amplificatrice existe l'émission spontanée, à la longueur d'onde signal, dont la direction, la phase et la polarisation sont aléatoires. Une part de ce rayonnement est émis dans l'ouverture numérique du cœur monomode de la fibre (dans les deux sens) et se propage par conséquent en s'amplifiant par émission stimulée au même titre que le signal. On parle d'**émission spontanée amplifiée**[1], qui constitue du bruit de fond se superposant au signal.

La part d'ASE qui se propage dans le même sens que le signal est dite « copropagative » et notée ASE^+ ; dans le sens opposé à celui du signal, elle est dite « contrapropagative » et notée ASE^-.

Ainsi, toute fibre amplificatrice correctement pompée possède un spectre d'ASE, mesuré à l'une ou l'autre de ses extrémités selon que l'on s'intéresse à l'ASE^+ ou à l'ASE^-. Par abus de langage, le spectre d'ASE^+ est couramment appelé « spectre de fluorescence ». Son allure dépend du dopant de terre rare et de la nature physico-chimique de la fibre considérée. Lorsque l'inversion de population est réalisée tout au long de l'amplificateur, cette allure est proche de celle de la courbe $\sigma_e(\lambda)$, dont deux exemples sont donnés figure 25.

L'ASE^+, soumise aux mêmes conditions d'amplification ou d'absorption que le signal, dépend de l'inversion de population locale (Cf. paragraphe II.1 de ce chapitre). En particulier, dans les amplificateurs à pompage copropagatif mettant en jeu trois niveaux, l'ASE^+ a tendance à chuter au-delà de la longueur sur laquelle l'inversion de population est assurée.

II.4 Graphes récapitulatifs

On a synthétisé figures 31 et 32 l'évolution longitudinale typique des différentes puissances mises en jeu (pompe, signal, ASE^+ et ASE^-) dans un amplificateur à fibre à pompage copropagatif, dans le cas de systèmes à trois et quatre niveaux.

---

[1] En anglais, ASE pour « Amplified Spontaneous Emission », à ne pas confondre avec ESA (Excited State Absorption). Nous garderons par la suite l'acronyme anglais ASE, communément admis.

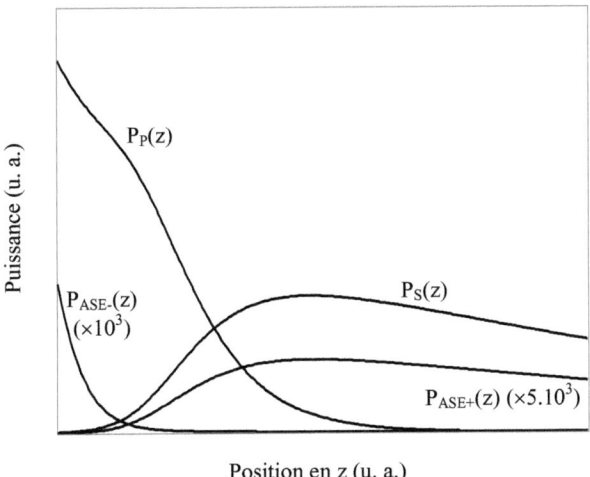

Figure 31 : Evolution longitudinale des puissances de pompe, de signal, d'ASE$^+$ et d'ASE$^-$ dans un amplificateur à pompage copropagatif, dans le cas d'un système à **trois** niveaux

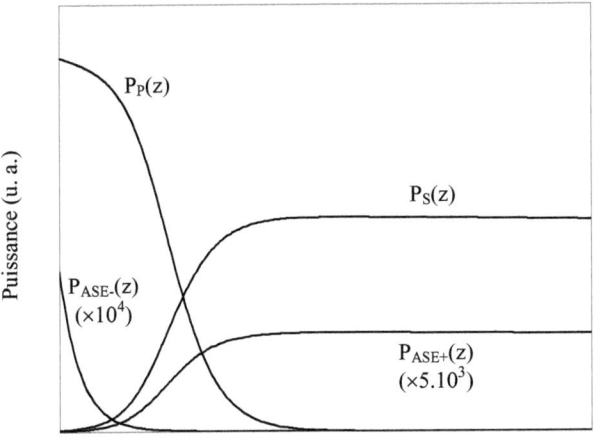

Figure 32 : Evolution longitudinale des puissances de pompe, de signal, d'ASE$^+$ et d'ASE$^-$ dans un amplificateur à pompage copropagatif, dans le cas d'un système à **quatre** niveaux

III Fonctionnement et caractéristiques d'un amplificateur

III.1 Gain et saturation

Le **gain** de l'amplification optique défini « en linéaire » est donné par le rapport de la puissance du signal de sortie P_S^{out} sur la puissance du signal d'entrée P_S^{in} :

$$G = \frac{P_S^{out}}{P_S^{in}} \qquad (8)$$

Gain petit signal :
On considère que la puissance de pompe injectée dans la fibre amplificatrice est fixée. Pour de faibles valeurs de P_S^{in}, P_S^{out} évolue quasi proportionnellement à P_S^{in}, le coefficient de proportionnalité G_0 étant appelé **gain petit signal**.

Gain fort signal :
Toujours à puissance de pompe fixée, pour de fortes valeurs de P_S^{in}, la valeur de P_S^{out} tend progressivement vers une limite supérieure, P_{ext}, à mesure que P_S^{in} augmente. P_{ext} est la **puissance maximale extractible**, c'est-à-dire la puissance maximale de signal que l'on peut obtenir à la sortie d'un amplificateur donné, les conditions de pompage étant fixées. On définit aussi la **puissance de saturation** P_{sat} comme la puissance du signal d'entrée qui fait chuter le gain à la valeur $\frac{G_0}{2}$. Remarquons que, par confusion des termes dans la littérature, il arrive que la puissance maximale extractible soit appelée puissance de saturation. Il conviendra d'utiliser ces termes avec précaution.

Ce comportement de l'amplificateur peut être modélisé par la relation approchée[1] suivante :

$$P_S^{out} = G_0 P_S^{in} \frac{P_{sat}}{P_{sat} + P_S^{in}} \qquad (9)$$

---

[1] La relation (9) correspond à un modèle simplifié d'amplificateur, pour lequel P_S^{out} tend vers $P_{ext} = G_0.P_{sat}$ quand P_S^{in} tend vers l'infini. Dans la pratique, le comportement est différent pour les fortes valeurs de P_S^{in}.

Et grâce à (8), on peut écrire :

$$G(P_S^{in}) = \frac{G_0}{1 + \dfrac{P_S^{in}}{P_{sat}}} \qquad (10)$$

On peut ainsi tracer en fonction de P_S^{in} l'évolution de P_S^{out} (figure 33) et de G (figure 34), en utilisant les grandeurs G_0 et P_{sat}.

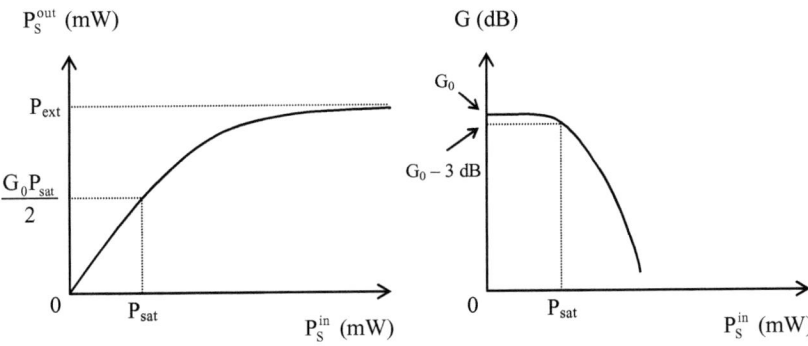

Figure 33 :
Evolution de la puissance du signal de sortie en fonction de la puissance du signal d'entrée

Figure 34 :
Evolution du gain en fonction de la puissance du signal d'entrée

D'un point de vue énergétique, l'amplification optique du signal par émission stimulée est le résultat d'un transfert d'énergie de l'onde de pompe à l'onde de signal. C'est pourquoi, en régime stationnaire, la puissance du signal de sortie ne peut être supérieure à la somme des puissances du signal d'entrée et de la pompe injectée :

$$P_S^{out} \leq P_S^{in} + P_P^{in} \qquad (11)$$

III.2 Longueur optimale et coefficient de gain

Considérons un amplificateur à fibre dont tous les paramètres sont fixés, exceptée la longueur L de la fibre. La puissance du signal de sortie P_S^{out} est alors fonction de L, comme le montre la figure 35. La **longueur optimale** L_{opt} est la longueur pour laquelle P_S^{out} atteint sa valeur maximale.

Au-delà de L_{opt}, l'inversion de population n'est plus réalisée, et P_S^{out} peut évoluer de deux manières différentes, selon le nombre de niveaux d'énergie mis en jeu dans le fonctionnement de l'amplificateur. S'il s'agit d'un système à trois niveaux, il y a réabsorption du signal, et par conséquent décroissance de P_S^{out} (figure 35a). S'il s'agit d'un système à quatre niveaux, il n'y a pas de réabsorption du signal, qui ne subit plus que l'atténuation linéique à la longueur d'onde λ_S (figure 35b). On dit alors que la fibre est « blanche », et on n'observe pas de décroissance significative de P_S^{out} sur quelques dizaines de mètres de propagation.

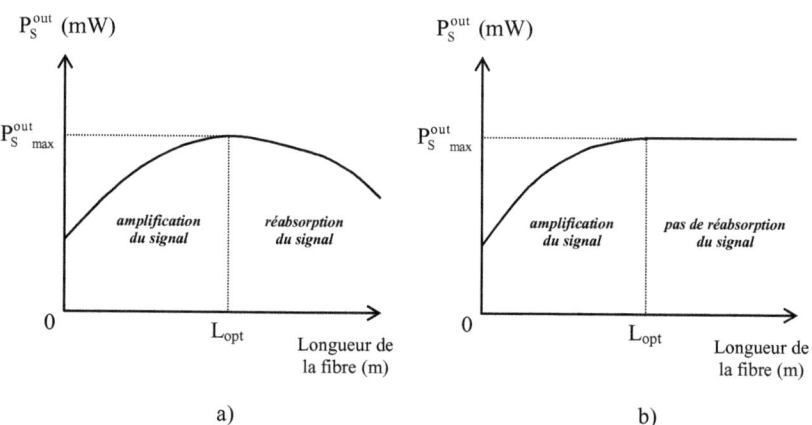

Figure 35 : Evolution de la puissance du signal de sortie en fonction
de la longueur de la fibre dans un amplificateur fonctionnant
selon un système à trois niveaux (a) ou quatre niveaux (b)

Comme la puissance du signal d'entrée est fixée, pour L = L_{opt}, le gain lui aussi atteint sa valeur maximale notée G_{opt}. Les valeurs L_{opt} et G_{opt} dépendent de la puissance de pompe injectée dans la fibre. Typiquement, la longueur optimale d'un amplificateur à fibre est de l'ordre de quelques mètres à quelques dizaines de mètres.

Sur la figure 36, on a représenté l'évolution du gain optimal en fonction de la puissance de pompe injectée dans la fibre amplificatrice. On définit le **coefficient de gain** comme étant la pente de la tangente à la courbe $G_{opt} = f(P_p^{in})$ passant par l'origine. M désignant le point de tangence, le coefficient de gain C, exprimé en dB/mW, est donc donné par :

$$C = \frac{G_M}{P_M} \qquad (12)$$

Le coefficient de gain est utilisé pour caractériser les amplificateurs à fibre, notamment dans le cas d'un fonctionnement en régime petit signal où l'on cherche à minimiser le bruit.

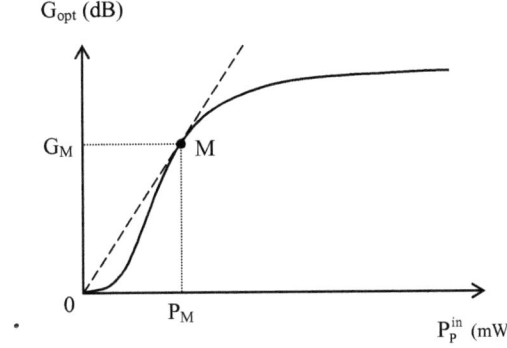

Figure 36 : Evolution du gain optimal en fonction de la puissance de pompe injectée et détermination du coefficient de gain

III.3 Efficacité de conversion quantique

L'**efficacité de conversion quantique**[1] d'un amplificateur est la fraction des photons de pompe injectés dans la fibre qui sont effectivement convertis en photons signal, par unité de temps. On peut écrire :

$$QCE = \frac{\lambda_S}{\lambda_P} \frac{P_S^{out} - P_S^{in}}{P_P^{in}} \tag{13}$$

Le paramètre QCE est particulièrement utilisé pour qualifier la capacité d'un amplificateur à amplifier de forts signaux (amplification de puissance). On cherche dans ce cas à obtenir la plus grande valeur possible de QCE.

La figure 37 superpose les évolutions typiques du gain et de QCE en fonction de la puissance du signal d'entrée dans un amplificateur à fibre optique monomode usuel.

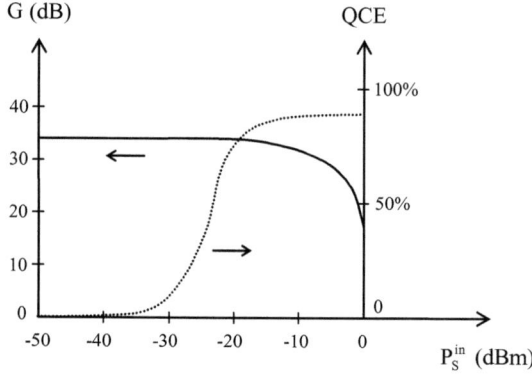

Figure 37 : Evolutions typiques du gain et de l'efficacité de conversion quantique en fonction de la puissance du signal d'entrée dans un amplificateur à fibre optique monomode usuel

---

[1] En anglais, QCE pour « Quantum Conversion Efficiency ».

III.4 Bruit d'émission spontanée amplifiée

III.4.1 Puissance de bruit ajouté

Dans un amplificateur optique, le bruit ajouté est dû à l'émission spontanée amplifiée (ASE), qui se propage dans les deux sens (Cf. paragraphe II.3 de ce chapitre). En régime de gain non saturé, la **puissance de bruit ajouté** en sortie d'amplificateur dans la bande spectrale B est donnée par :

$$P_{ASE} = 2.n_{sp}.(G-1).h\nu.B \qquad (14)$$

où n_{sp}, facteur d'émission spontanée ou facteur d'inversion de population, s'exprime comme suit :

$$n_{sp} = \frac{N_2}{N_2 - N_1 \frac{\sigma_a}{\sigma_e}} \qquad (15)$$

avec N_1 et N_2 densités de population respectives des niveaux fondamental et métastable de la transition laser [35]. n_{sp} est voisin de l'unité lorsqu'une forte inversion de population est réalisée ($N_2 \gg N_1$).

Les photons du flux d'ASE sont associés à des ondes qui se caractérisent par des polarisations aléatoires. On montre cependant qu'en termes d'énergie, l'ensemble est équivalent à deux ondes dont les polarisations sont rectilignes et orthogonales entre elles. Chacune de ces ondes véhicule la moitié de la puissance d'ASE, expliquant le facteur 2 dans (14).

III.4.2 Facteur de bruit

Le **facteur de bruit** F d'un amplificateur optique est défini comme la dégradation du rapport signal à bruit à la traversée de cet amplificateur, comme dans un amplificateur électronique. C'est une caractéristique essentielle des amplificateurs utilisés dans les télécommunications. La figure 38 présente les différents paramètres à prendre en compte pour le calcul de F dans un amplificateur optique fonctionnant dans la bande spectrale B.

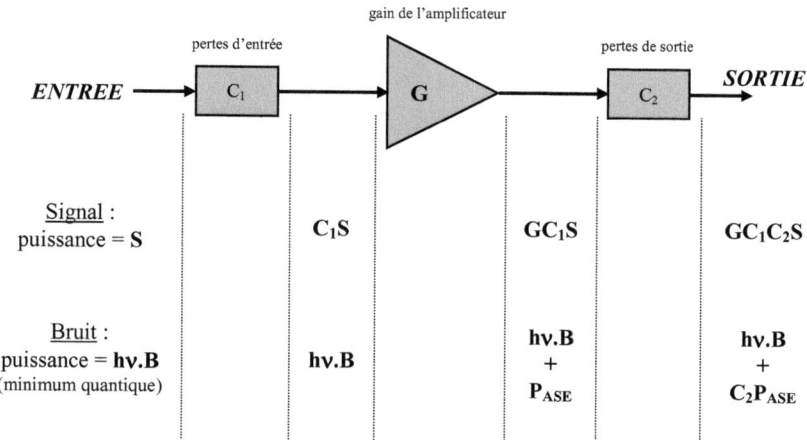

Figure 38 : Calcul du facteur de bruit d'un amplificateur optique

Les rapports signal à bruit en entrée et en sortie s'écrivent respectivement :

$$\left.\frac{S}{N}\right|_e = \frac{S}{h\nu.B} \qquad (16)$$

$$\left.\frac{S}{N}\right|_s = \frac{GC_1C_2S}{h\nu.B + C_2 P_{ASE}} \qquad (17)$$

D'après (14), (16) et (17), sachant que $F = \dfrac{\left.\frac{S}{N}\right|_e}{\left.\frac{S}{N}\right|_s}$, on aboutit à :

$$F = \frac{1}{GC_1C_2} + 2n_{sp}\frac{G-1}{GC_1} \qquad (18)$$

Cette expression du facteur de bruit fait apparaître son minimum théorique de 3 dB, obtenu dans le cas d'un gain fort et de faibles pertes, avec une inversion de population très accusée (soit $n_{sp} \approx 1$).

III.5 Ordres de grandeur des caractéristiques

On peut voir sur le tableau 2 les ordres de grandeur typiques concernant les diverses caractéristiques abordées précédemment, dans le cas d'un amplificateur à fibre optique monomode en silice dopée à l'erbium et pompée autour de 980 nm.

Gain (G)	> 30 dB
Puissance extractible (P_{ext})	> 15 dBm
Coefficient de gain (C)	10 dB/mW
Efficacité de conversion quantique (QCE)	80 %
Facteur de bruit (F)	3 à 5 dB

Tableau 2 : Caractéristiques d'un amplificateur à fibre optique monomode en silice dopée à l'erbium et pompée autour de 980 nm (d'après [35])

Chapitre III

CHAPITRE III

Etude théorique et numérique de l'absorption de la pompe dans une fibre optique à double gaine dopée aux terres rares

*Dans ce chapitre, nous nous proposons de chercher à améliorer **l'absorption de la pompe dans les fibres optiques amplificatrices à double gaine**. Nous montrons tout d'abord que cette absorption dépend fortement de la géométrie de la gaine interne. Nous introduisons ensuite la théorie du chaos ondulatoire pour décrire la distribution des champs guidés et mettons en évidence l'intérêt qu'elle présente dans la recherche et l'obtention de la forme optimale de gaine interne. Enfin, au moyen de la méthode du faisceau propagé, l'absorption de la pompe dans les fibres optiques à double gaine dopées aux terres rares est étudiée numériquement, et les performances obtenues avec différentes géométries de gaine interne sont comparées.*

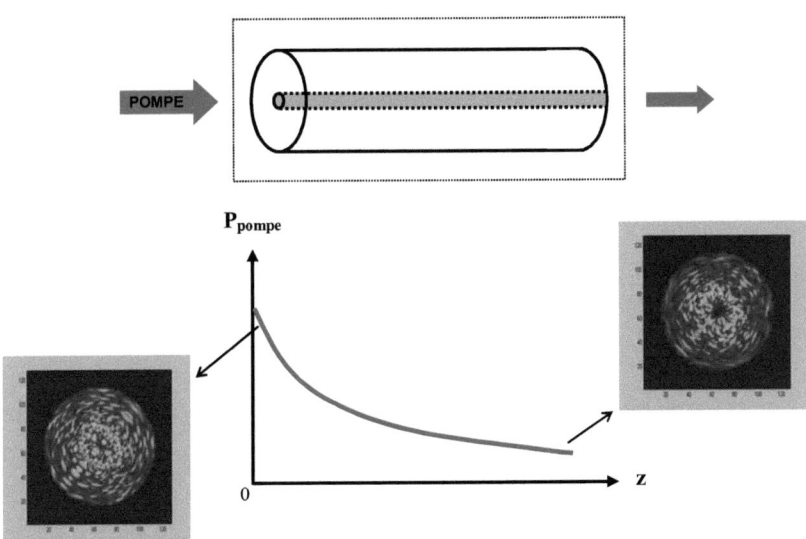

I Influence de la géométrie de la gaine interne sur l'absorption de la pompe

I.1 Introduction

L'efficacité du processus d'amplification dans une fibre optique dopée aux terres rares dépend d'un certain nombre de paramètres, parmi lesquels Γ_S et Γ_P [54] :
- Γ_S désigne l'intégrale de recouvrement[1] entre la zone active (ou zone dopée aux ions de terres rares) et la distribution transverse de l'intensité du champ associé au signal ;
- Γ_P est l'intégrale de recouvrement entre la zone active et la distribution transverse de l'intensité du champ associé à la pompe.

Sur une longueur de propagation élémentaire dz, pour une puissance de pompe totale donnée, dans une section droite à l'endroit considéré, l'amplification du signal est d'autant plus importante que les valeurs Γ_S et Γ_P sont élevées. Sur la totalité de la longueur de la fibre amplificatrice, Γ_S reste constant, du fait de la propagation monomode du signal.

Afin de quantifier Γ_P, il faut s'intéresser à la propagation fortement multimode de la pompe dans la gaine interne. Chaque mode m_i de l'onde de pompe est susceptible de participer au processus de pompage, l'importance de cette participation étant proportionnelle à l'intégrale de recouvrement γ_{mi} entre la zone active et la distribution transverse de l'intensité du champ associé au mode m_i. Cette distribution transverse diffère d'un mode m_i à un mode m_j, induisant une absorption différentielle entre ces deux modes ($\gamma_{mi} \neq \gamma_{mj}$). Du fait de cette dernière, la population modale de la gaine interne change le long de la fibre, engendrant une dépendance longitudinale de Γ_P. Or, pour augmenter l'efficacité de l'amplificateur à fibre, il faut améliorer l'absorption de la pompe par les ions de terres rares tout au long de la fibre. En d'autres termes, il faut que $\Gamma_P(z)$ conserve une valeur suffisamment forte quelle que soit l'abscisse longitudinale z.

---

[1] La notion d'intégrale de recouvrement est définie en annexe II.

I.2 Optimisation de l'absorption de la pompe : deux solutions intrinsèques

Dans les fibres optiques circulaires à double gaine[1], on montre que l'absorption de la pompe est fortement réduite au-delà d'une certaine longueur de propagation. Ceci est dû au fait que le cœur central n'absorbe l'énergie que d'un petit nombre de modes : ceux dont le champ n'est pas nul près de l'axe. Après la disparition de ces modes, il reste un grand nombre de modes tubulaires, dépourvus d'énergie au centre, qui se propagent loin dans la gaine interne sans être absorbés[2]. Des méthodes pour contourner cette difficulté doivent être imaginées. A ce sujet, dès 1989, H. Po, E. Snitzer *et al.* écrivent [20] :

« *...the core containing Nd [is] offset from the center of the fiber axis...* »
« *...the shape of the first cladding is approximately rectangle, which allows for efficient pump light absorption with the Nd core in the center...* »

Ces propositions, innovantes à l'époque dans le domaine des fibres optiques amplificatrices à double gaine, mettent en évidence deux solutions intrinsèques à la fibre qui peuvent permettre d'augmenter $\Gamma_P(z)$ tout au long de la propagation :
- optimisation du positionnement de la zone active au sein de la gaine interne (solution S_1) ;
- optimisation de la géométrie de la gaine interne (solution S_2).

La solution S_1 consiste à placer les ions de terres rares dans une zone où se localise le maximum d'énergie de pompe tout au long de la fibre. Elle est naturellement à l'origine de l'utilisation de fibres à gaine interne circulaire dont le cœur dopé aux terres rares est décentré (figure 39). Des études ont montré que l'augmentation de $\Gamma_P(z)$ est d'autant plus importante que le décalage du cœur est fort [55].

L'utilisation d'un cœur actif décentré n'évite malheureusement pas la propagation, dans la gaine interne, de certains modes m_i pour lesquels le coefficient γ_{mi}

---
[1] Voir définition page 23 du chapitre I.
[2] Ceci sera détaillé dans la suite.

est faible. En fait, en changeant la position du cœur actif, on favorise l'absorption de certains modes, mais il en existe toujours d'autres qui participent peu au processus de pompage.

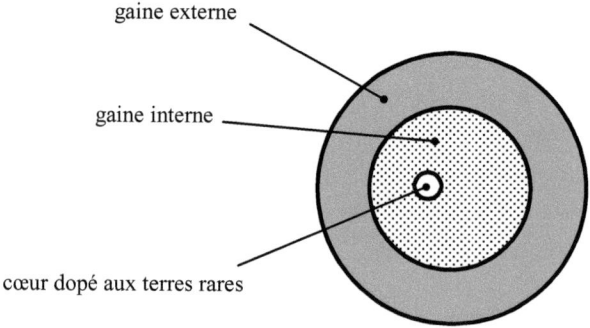

Figure 39 : Fibre optique dopée aux terres rares à double gaine et cœur décentré

C'est pourquoi une solution plus efficace consiste à modifier la géométrie de la gaine interne (solution S_2) afin que les modes de cette dernière se caractérisent par une distribution transverse de champ sans absence d'énergie dans le cœur dopé aux ions de terres rares. Ainsi, un maximum de modes peuvent contribuer significativement au processus de pompage, et l'intégrale de recouvrement $\Gamma_P(z)$ est préservée tout au long de la fibre. La gaine externe, elle, conserve sa section circulaire.

L'application de la solution S_2 peut ainsi conduire à la conception d'une fibre à gaine interne optimisée, dans laquelle il est ensuite inutile de décentrer le cœur dopé, cette dernière opération n'apportant pas d'amélioration supplémentaire. Autrement dit, si l'optimisation de la fibre suivant S_2 a été correctement effectuée, il n'est pas nécessaire de combiner cette solution avec S_1.

I.3   Avantages techniques de la deuxième solution

D'une part, la solution S_2 permet d'améliorer les performances, en termes d'absorption de la pompe, des fibres amplificatrices à double gaine. D'autre part, d'un point de vue technique, elle apparaît plus simple à mettre en œuvre que S_1.

En effet, le décalage du cœur dopé aux ions de terres rares (solution S_1) pose deux problèmes majeurs :
- le raccordement avec les fibres monomodes de ligne, à cœur et gaine concentriques, est délicat ;
- il n'est pas aisé de fabriquer une préforme circulaire à l'intérieur de laquelle la symétrie de révolution du profil d'indice est rompue.

Dans le cas de S_1, on est donc confronté à la fois à des difficultés de connectique et de fabrication.

Dans le cas de la solution S_2, ces obstacles techniques sont bien moindres :
- le problème d'alignement en connectique est beaucoup moins délicat, puisque le cœur actif est centré par rapport à la gaine externe ;
- les difficultés de fabrication sont fortement limitées. En effet, les fibres optiques amplificatrices à double gaine, dont la gaine interne n'est pas à géométrie circulaire, peuvent être fabriquées en quatre étapes simples [56] :
  1. fabrication classique d'une préforme dont le profil d'indice est à symétrie de révolution ;
  2. usinage mécanique, au moyen d'une scie diamantée, de la préforme, afin d'obtenir une forme particulière de gaine interne ;
  3. étirage de la préforme usinée, à une température plus faible que celle de 1800 °C typiquement utilisée, afin que la géométrie de la gaine interne soit conservée malgré l'influence des tensions de surface [57] ;
  4. enduction par un polymère ou un silicone à bas indice de réfraction pour réaliser la gaine externe.

Pour optimiser l'absorption de la pompe dans les fibres optiques à double gaine, nous avons logiquement décidé de nous intéresser à l'étude de l'influence de la forme de la gaine interne (solution S_2). Nous montrons dans la suite comment la notion de **chaos ondulatoire** appliquée aux fibres optiques peut être mise à profit afin d'aboutir à une géométrie de gaine interne optimale.

II Application de la théorie du chaos ondulatoire

L'application de la théorie du chaos ondulatoire aux amplificateurs à fibre optique est née d'une collaboration entre les universités de Limoges et de Nice. De nombreux éléments théoriques et expérimentaux sur l'étude du chaos ondulatoire dans une fibre optique sont disponibles dans les travaux de V. Doya [58-61].

II.1 Définitions

Avant d'illustrer les manifestations du **chaos ondulatoire** dans les fibres optiques, il nous semble nécessaire de préciser au préalable ce que l'on entend par l'association de ces deux mots. Que signifie le terme « chaos » dans la présente étude ?

II.1.1 Les lois de la mécanique classique de Newton et la notion de dynamique chaotique

Le terme « chaos » provient du nom grec *khaos* qui signifie « gouffre ». Dans la mythologie grecque, le Chaos, associé au désordre général, désigne la personnification du vide précédant la création du monde.

La notion scientifique de chaos a été initialement définie dans le domaine de la mécanique classique, dont les lois ont été énoncées à la fin du XVIIème siècle par I. Newton. L'application de ces lois permet de prédire de façon déterministe l'évolution, dans un système mécanique, d'une particule ponctuelle dont on connaît les vitesse et position initiales. Dans le cas de systèmes à géométrie simple[1], cette évolution est régulière. Cependant, ces systèmes sont rares, et de façon générale, le comportement à long terme des systèmes mécaniques est erratique. Les systèmes présentant de plus la propriété d'extrême sensibilité aux conditions initiales sont dits chaotiques. Ils peuvent être définis comme des systèmes déterministes dont l'évolution asymptotique présente les caractéristiques d'une dynamique aléatoire, d'où la notion de **chaos déterministe**.

---

[1] C'est le cas par exemple du cercle ou du carré.

Par ailleurs, on ne peut pas résoudre analytiquement les équations du mouvement dans ces systèmes, que l'on qualifie alors de non intégrables.

Historiquement, la théorie du chaos est entrevue au début du XXème siècle par J. Hadamard et H. Poincaré. Mais il faut attendre les années 1960 pour que la communauté scientifique commence à accepter l'idée de non prédictibilité et s'intéresse à l'étude des systèmes mécaniques dont la dynamique est chaotique.

II.1.2 Le chaos ondulatoire

Le **chaos ondulatoire** désigne l'étude des manifestations, au niveau des ondes, de la dynamique chaotique des rayons, définie dans la limite géométrique. Ce domaine fournit des supports expérimentaux privilégiés pour l'étude plus générale du **chaos quantique**. Ce dernier regroupe les travaux visant à comprendre comment la dynamique chaotique influence les propriétés des états propres d'un système quantique. Il s'agit d'un domaine d'études fondamentales, essentiellement théoriques et numériques.

La théorie du chaos ondulatoire se généralise à tous les types d'ondes. Depuis le début des années 1990, des expériences de chaos ondulatoire [62] ont été réalisées dans des systèmes aussi divers que les cavités micro-ondes (ondes électromagnétiques), les plaques de quartz (ondes acoustiques), ou encore les fibres optiques.

II.2 Propagation de la lumière dans les systèmes chaotiques et réguliers : approche géométrique

Comme nous l'avons indiqué précédemment, l'application de la théorie du chaos ondulatoire à la propagation de la lumière dans les fibres optiques peut nous permettre d'optimiser la géométrie de la gaine interne des fibres amplificatrices à double gaine. Afin d'expliciter cela, nous proposons tout d'abord une approche géométrique, destinée à mettre clairement en évidence l'importance de la géométrie du milieu dans lequel se développe la trajectoire des rayons lumineux.

Nous considérons une fibre optique multimode dont le profil d'indice de réfraction, à saut, est parfaitement invariant le long de l'axe de propagation (Oz). Nous supposons que les dimensions transverses du cœur de cette fibre sont très grandes devant la longueur d'onde. Nous pouvons ainsi utiliser l'approche géométrique, à partir des rayons lumineux, pour décrire la propagation de la lumière dans ce cœur.

Du fait de l'invariance suivant z du guide, la trajectoire des rayons peut être projetée dans le plan transverse (xOy) parallèlement à (Oz) (figure 40). D'un système à trois dimensions spatiales, on passe à un système à deux dimensions spatiales et une dimension temporelle. L'étude se ramène donc à celle de l'évolution temporelle d'une trajectoire dans un domaine fermé à deux dimensions borné par des murs réfléchissants appelé **billard**.

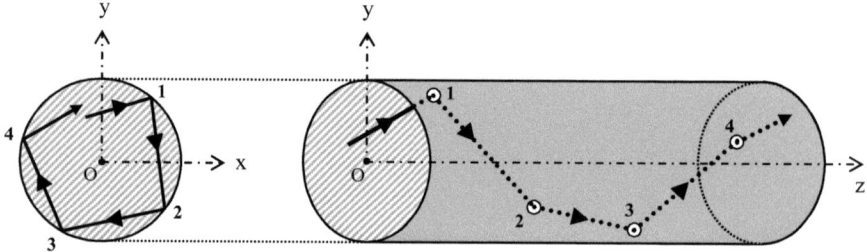

Figure 40 : Projection de la trajectoire des rayons lumineux dans le plan transverse (xOy) parallèlement à (Oz)

Un rayon lumineux incident évolue dans ce billard par réflexions successives sur le contour. Pour des géométries simples de billard, la trajectoire des rayons se caractérise par les propriétés suivantes :
- elle est localisée dans une certaine région du billard (cas du billard circulaire) ;
- l'angle de réflexion sur le contour est conservé (cas des billards circulaire et rectangulaire).

On parle alors de **dynamique régulière des rayons**.

Considérons plus en détail les cas des billards circulaire et rectangulaire, ainsi que les billards de formes tronquées dérivées.

La figure 41a montre la trajectoire régulière des rayons dans un billard associé à une fibre optique conventionnelle, c'est-à-dire à cœur circulaire. Cette trajectoire est parfaitement définie par la condition initiale, à savoir l'angle α_0 entre le rayon incident et la normale en M_0 au contour circulaire du billard, M_0 désignant le point d'excitation. En effet, à chaque réflexion, cet angle α_0 est conservé. Par ailleurs, on constate que la trajectoire est confinée dans un anneau dont le rayon interne r_{min} dépend de la valeur α_0. Le cercle de rayon r_{min}, constituant l'enveloppe de la trajectoire des rayons, est appelé **caustique**. Sa présence met en évidence le caractère régulier de la dynamique des rayons. On peut noter que r_{min} tend vers zéro lorsque α_0 tend vers zéro, cette limite correspondant à la propagation de rayons méridiens.

Imaginons que la symétrie de révolution du billard circulaire soit maintenant rompue par l'introduction d'un méplat, donnant la forme d'un « D » au nouveau billard (figure 41b). La trajectoire des rayons est désormais complexe et tend à explorer la totalité du domaine après un grand nombre de rebonds, sans construire de structures régulières comme les caustiques. En fait, contrairement au cas précédent du billard circulaire dans lequel l'angle d'excitation était conservé tout au long de la propagation, le billard circulaire tronqué est parcouru par des rayons de directions diverses. Dès la première réflexion sur la partie rectiligne, l'angle d'incidence, qui était auparavant une constante du mouvement, n'est plus conservé. De plus, ce comportement « désordonné » se développe d'autant plus rapidement que la troncature est importante. Ainsi, dans le cas d'un billard circulaire très peu déformé, c'est-à-dire avec un méplat très court, il faudra un très grand nombre de rebonds pour que les rayons explorent toute la surface du domaine accessible.

De la même façon, on observe le passage d'un comportement régulier à un comportement irrégulier si l'on tronque un billard rectangulaire : alors que l'angle d'incidence est conservé dans le billard rectangulaire (figure 41c), les rayons prennent des directions diverses dans le billard rectangulaire tronqué (figure 41d).

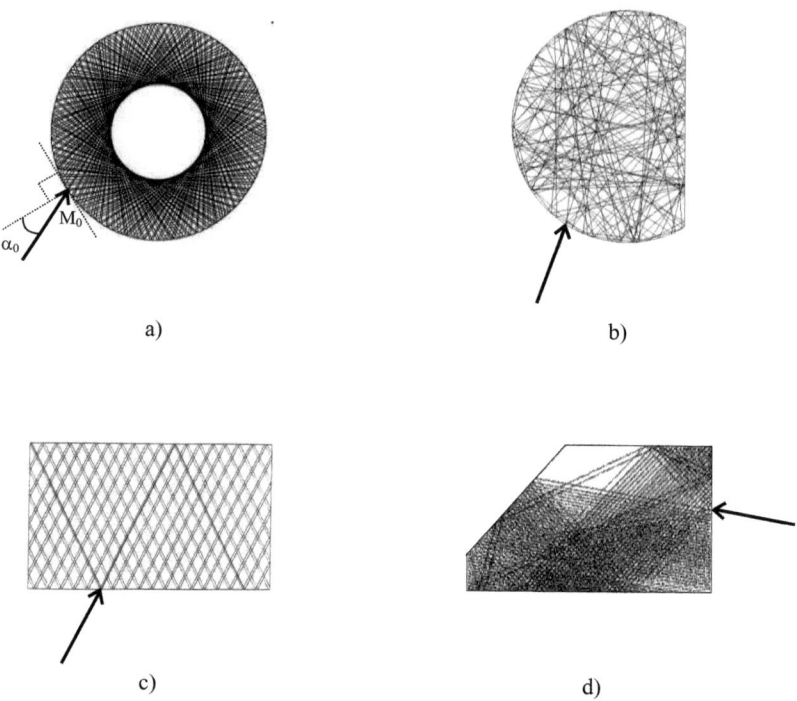

Figure 41 : Trajectoire des rayons dans quatre types de billard
(la flèche noire donne la direction du rayon incident
et son extrémité indique le point d'excitation)

a) Circulaire   c) Rectangulaire   *dynamique régulière*
b) Circulaire tronqué   d) Rect. tronqué   *dynamique irrégulière*

Par conséquent, nous constatons que les méplats introduits dans les géométries circulaire et rectangulaire induisent une évolution complexe des rayons lumineux, qui se propagent alors dans une multitude de directions, en recouvrant la surface entière du billard lorsque le nombre de réflexions sur le contour tend vers l'infini.

Dans le cas du billard circulaire tronqué, si l'on envoie deux rayons de directions légèrement différentes sur un même point d'excitation, l'écart entre les deux trajectoires issues de chaque rayon croît de manière exponentielle au fil de la propagation. On retrouve la caractéristique d'extrême sensibilité aux conditions initiales. Le billard circulaire tronqué est donc un **système chaotique**[1].

Une des principales propriétés de ce système chaotique est l'**ergodicité** [63] de la dynamique des rayons : le comportement décrit précédemment (caractère désordonné de la propagation et parcours de toute la surface du billard) est aussi observé lors de l'évolution de plusieurs trajectoires voisines pour un nombre fini de réflexions.

Considérons maintenant le cas de la propagation de l'énergie de pompe dans la gaine interne des fibres optiques amplificatrices à double gaine. Si l'on positionne le cœur absorbant au centre d'une fibre à gaine interne circulaire, un certain nombre de trajectoires ne rencontrent pas ce cœur, du fait de l'existence de caustiques ; ces trajectoires correspondent ainsi à un gaspillage d'énergie de pompe, puisque celle-ci se propage dans la gaine interne sans être consommée. Au contraire, dans une fibre dont la géométrie de la gaine interne provoque une dynamique chaotique des rayons, toute trajectoire est amenée à rencontrer le cœur actif, à partir d'un certain nombre de rebonds. Il est donc plus efficace d'utiliser des géométries originales, comme le cercle tronqué, plutôt que des formes simples comme le cercle ou le rectangle.

L'approche du concept de dynamique chaotique, par la trajectoire des rayons évoluant dans un billard, met donc clairement en évidence l'intérêt de modifier la géométrie de la gaine interne des fibres optiques amplificatrices à double gaine, afin d'obtenir une meilleure absorption de la pompe par le cœur dopé aux ions de terres rares.

---

[1] *Attention* : seul le billard circulaire tronqué est chaotique ; le billard rectangulaire tronqué ne l'est pas.

II.3 Approche ondulatoire

Nous nous proposons maintenant de montrer comment le concept de dynamique chaotique des rayons se manifeste au niveau des ondes guidées.

II.3.1 Répartition transverse du champ associé à un mode

Par définition, dans un guide diélectrique, un **mode** est une onde électromagnétique qui se propage en conservant sa distribution spatiale transverse de champ et sa polarisation. Les modes de propagation d'un guide classique sont obtenus par la résolution de l'équation de Helmholtz ou équation de propagation, déduite des équations de Maxwell.

Modes réguliers des fibres optiques circulaires et rectangulaires

Typiquement, dans le cas des fibres optiques, la différence relative d'indice de réfraction $\Delta = \dfrac{n_1^2 - n_2^2}{2\,n_1^2}$ entre le cœur et la gaine est petite ($\Delta < 10^{-2}$). La propagation de la lumière se fait alors dans les conditions de « guidage faible » : les composantes longitudinales des champs électrique et magnétique sont négligeables devant les composantes transverses, et les ondes lumineuses sont supposées scalaires. Dans le cadre de cette approximation, les modes électromagnétiques d'une fibre optique sont obtenus par la résolution de l'équation de propagation scalaire.

Les constantes de propagation de certains modes sont très voisines et sont considérées comme égales dans le cadre de l'approximation du guidage faible. Les modes associés, dits « dégénérés », sont regroupés en **modes linéairement polarisés**, notés $LP_{m,n}$ dans les fibres optiques circulaires selon la notation de D. Gloge [64]. Dans cette notation, les indices entiers m (m ≥ 0) et n (n > 0) s'appellent respectivement le « nombre azimutal » et le « nombre radial » du mode. Le champ d'un mode $LP_{m,n}$ se répartit en n couronnes concentriques de 2m lobes chacune. Deux lobes consécutifs sur un rayon ou une couronne sont en opposition de phase. Dans le cas des modes $LP_{0,n}$, la distribution transverse de l'intensité du champ est à symétrie de révolution avec un maximum sur l'axe de propagation de la fibre. Pour tous les autres modes (m ≠ 0), l'intensité est nulle sur l'axe.

Le tableau 3 donne quelques exemples de regroupements de modes électromagnétiques dégénérés en modes linéairement polarisés.

Mode linéairement polarisé	Modes électromagnétiques constitutifs et nombre de polarisations associées	Nombre total de modes électromagnétiques dégénérés
$LP_{0,1}$	$HE_{1,1} \times 2$	2
$LP_{1,1}$	$TE_{0,1}$, $TM_{0,1}$, $HE_{2,1} \times 2$	4
$LP_{2,1}$	$EH_{1,1} \times 2$, $HE_{3,1} \times 2$	4
$LP_{0,2}$	$HE_{1,2} \times 2$	2
$LP_{3,1}$	$EH_{2,1} \times 2$, $HE_{4,1} \times 2$	4
$LP_{1,2}$	$TE_{0,2}$, $TM_{0,2}$, $HE_{2,2} \times 2$	4
$LP_{4,1}$	$EH_{3,1} \times 2$, $HE_{5,1} \times 2$	4
$LP_{2,2}$	$EH_{1,2} \times 2$, $HE_{3,2} \times 2$	4
$LP_{0,3}$	$HE_{1,3} \times 2$	2
$LP_{5,1}$	$EH_{4,1} \times 2$, $HE_{6,1} \times 2$	4

Tableau 3 : Modes électromagnétiques dégénérés constitutifs
de quelques modes linéairement polarisés, d'après [65]
(TE : transverse électrique, TM : transverse magnétique,
HE : hybride électrique, EH : hybride magnétique)

On peut voir sur la figure 42 les modes électromagnétiques dégénérés constitutifs des trois premiers modes linéairement polarisés. Sont données dans chaque cas la polarisation du champ électrique dans un plan transverse, ainsi qu'une représentation schématique de la distribution transverse d'intensité du champ.

CHAPITRE III ETUDE THEORIQUE ET NUMERIQUE DE L'ABSORPTION DE LA POMPE...

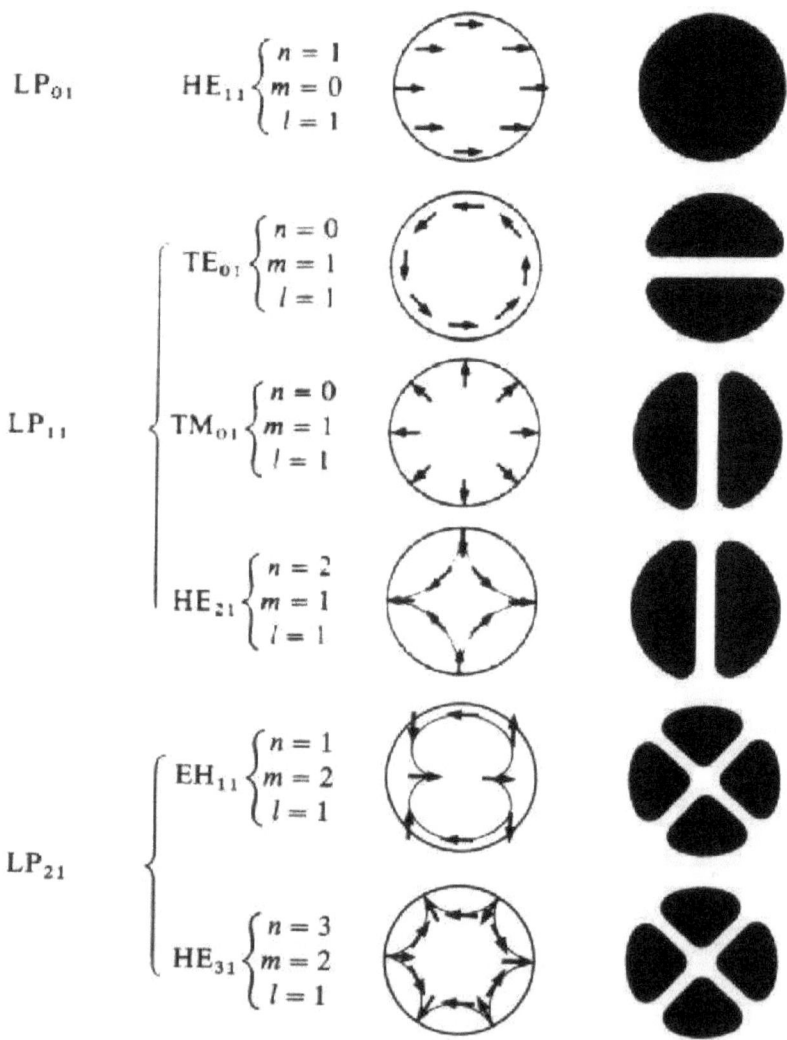

Figure 42 : Modes électromagnétiques dégénérés constitutifs
des trois premiers modes linéairement polarisés :
polarisation et intensité du champ électrique dans un plan transverse (d'après [65])

Dans les fibres optiques circulaires multimodes à saut d'indice, l'équation de propagation prend la forme de l'équation différentielle de Bessel, dont les solutions analytiques sont des combinaisons linéaires de fonctions de Bessel (de première espèce J_m dans le cœur et de première espèce modifiée K_m dans la gaine).

Nous avons calculé et représenté figure 43 la distribution transverse de l'intensité du champ de différents modes $LP_{m,n}$ dans une fibre optique à saut d'indice (diamètre du cœur = 125 µm, différence d'indice entre le cœur et la gaine $\Delta n = 5.10^{-3}$). Cette distribution se caractérise par une régularité certaine. On parlera dans la suite des **modes réguliers** des fibres optiques circulaires, en référence à l'évolution régulière des rayons dans le billard circulaire[1].

Il existe par ailleurs une zone centrale d'intensité nulle, dont la taille varie d'un mode à l'autre. Plus précisément, pour un indice n fixé, si l'indice m augmente, les dimensions de cette zone « vide » augmentent. Au contraire, pour m fixé, si n augmente, les dimensions de la zone diminuent. Cette absence d'énergie sur l'axe de propagation est à rapprocher du phénomène de caustique observé précédemment, lors de la propagation d'un rayon lumineux dans un billard circulaire.

Ainsi, dans une fibre optique amplificatrice à double gaine, l'intégrale de recouvrement entre la zone active et la distribution transverse de l'intensité du champ associé aux différents modes de la gaine interne varie sensiblement d'un mode à l'autre. Nous avons calculé la valeur normalisée de cette intégrale[2] pour les 25 premiers modes $LP_{m,n}$ d'une fibre circulaire dont le diamètre du cœur actif est 10 fois plus petit que celui de la gaine interne (tableau 4). D'une façon générale, la valeur de l'intégrale est forte pour les modes $LP_{0,n}$, qui seuls se caractérisent par la présence d'un lobe d'énergie sur l'axe de propagation. De plus, parmi ces modes, elle croit avec n jusqu'au mode $LP_{0,5}$ pour lequel elle vaut environ 0,133. Elle décroît ensuite, valant environ 0,127 dans le cas du mode $LP_{0,6}$ et 0,085 dans le cas du mode $LP_{0,10}$. La valeur de l'intégrale de recouvrement chute par ailleurs très rapidement pour les modes dont l'indice m est plus grand que 0 (10^{-3} dans le cas du mode $LP_{1,1}$) ; en effet, pour ces modes, l'intensité du champ est nulle sur l'axe.

---

[1] C'est la conservation du moment angulaire et de l'énergie qui permet de définir, dans une fibre optique circulaire, les nombres entiers m et n (correspondant alors à la quantification du moment angulaire et de l'intégrale d'action radiale).
[2] Voir l'annexe II.

CHAPITRE III   ETUDE THEORIQUE ET NUMERIQUE DE L'ABSORPTION DE LA POMPE...

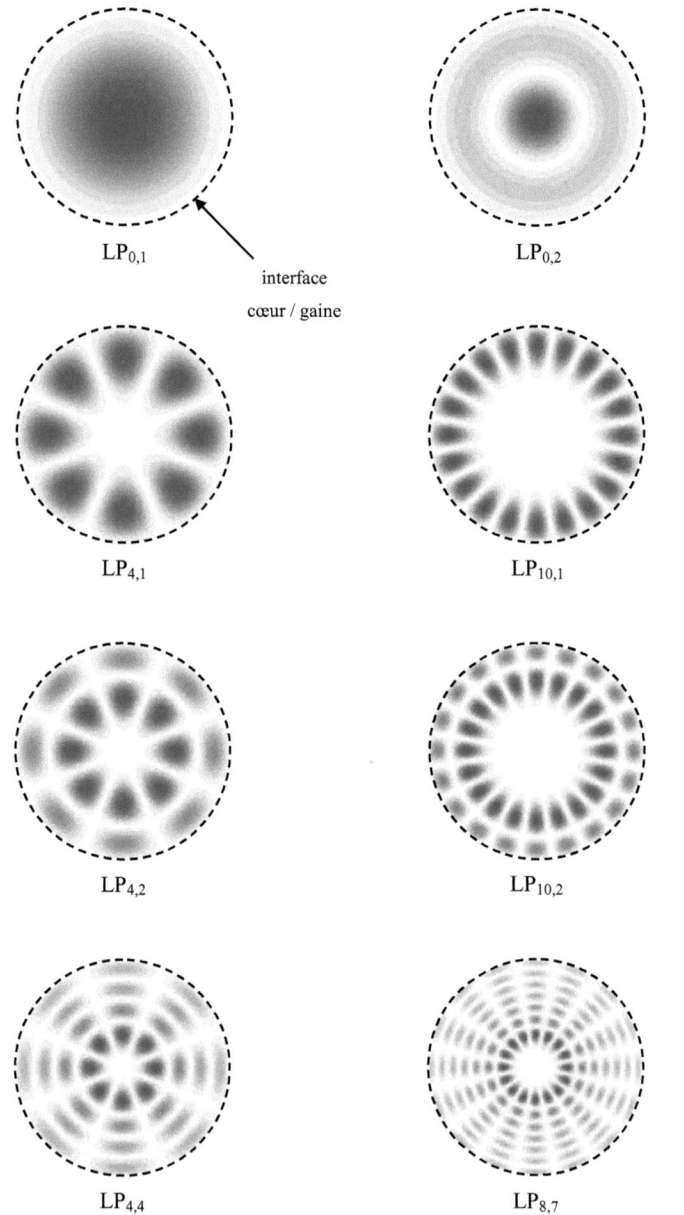

Figure 43 : Répartition transverse de l'intensité du champ associé à différents modes $LP_{m,n}$ dans une fibre optique circulaire multimode à saut d'indice (diamètre = 125 µm, $\Delta n = 5.10^{-3}$)

m\n	1	2	3	4	5
0	0,0354	0,0777	0,1097	0,1282	0,1331
1	0,0010	0,0059	0,0165	0,0327	0,0529
2	$2,58.10^{-5}$	$2,77.10^{-4}$	0,0013	0,0038	0,0088
3	$7,01.10^{-7}$	$1,22.10^{-5}$	$8,31.10^{-5}$	$3,51.10^{-4}$	0,0011
4	$1,75.10^{-8}$	$4,55.10^{-7}$	$4,34.10^{-6}$	$2,45.10^{-5}$	$9,89.10^{-5}$

Tableau 4 : Valeur de l'intégrale de recouvrement normalisée entre le cœur actif et l'intensité du champ des 25 premiers modes LP$_{m,n}$ d'une fibre optique circulaire à double gaine (diamètre de la gaine interne 10 fois plus grand que celui du cœur actif)

Nous avons aussi calculé et représenté figure 44 la distribution transverse de l'intensité du champ associé à quatre modes typiques d'une fibre optique rectangulaire multimode à saut d'indice (dimensions : 100 µm × 70 µm, $\Delta n = 5.10^{-3}$). Cette distribution présente une régularité, comme dans le cas des fibres circulaires. Cependant, on ne constate plus le phénomène de caustique, ce qui est en accord avec la dynamique des rayons observée précédemment dans le billard rectangulaire. Seuls les modes pairs se caractérisent par une absence d'énergie au centre, d'autant plus importante que l'ordre de ces modes est bas. Dans une fibre optique rectangulaire à double gaine, ce sont donc les modes pairs d'ordre bas de la gaine interne qui possèdent le plus faible recouvrement avec le cœur central.

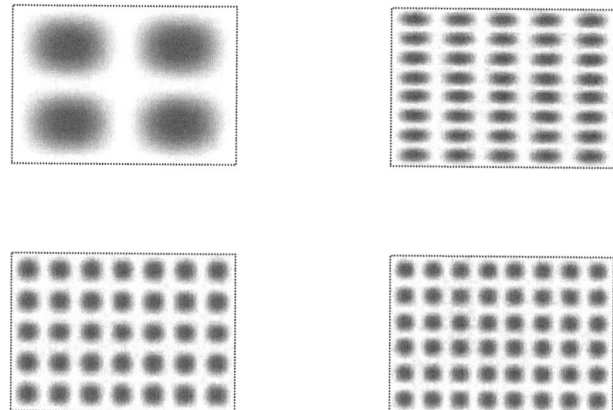

Figure 44 : Répartition transverse de l'intensité du champ associé à différents modes dans une fibre optique rectangulaire multimode à saut d'indice
(100 µm × 70 µm, $\Delta n = 5.10^{-3}$)

Modes ergodiques des fibres optiques tronquées

La rupture de la symétrie de révolution par l'introduction d'un méplat dans une fibre optique circulaire rend la structure chaotique, comme nous l'avons vu dans l'approche géométrique. Il devient alors impossible de résoudre analytiquement l'équation de propagation et de définir des nombres entiers m et n, le moment angulaire n'étant plus un invariant. Le calcul des modes de propagation du guide peut cependant être effectué grâce à une méthode numérique. Les modes que nous présentons ici (figure 45) ont été obtenus au moyen de la méthode de décomposition en ondes planes[1] de E. J. Heller [66], implémentée par A. Vigouroux de l'Université de Nice.

---

[1] En anglais, PWDM pour « Plane Wave Decomposition Method ».

Remarque :

La PWDM permet de calculer les modes de guides métalliques, et non de guides diélectriques. C'est pourquoi les modes de la figure 45 se caractérisent par une annulation de l'énergie au niveau de l'interface cœur/gaine, contrairement aux modes d'une fibre optique pour lesquels le champ possède une partie évanescente dans la gaine. Cependant, nous ne nous intéressons qu'à la répartition transverse du champ dans le cœur. Elle sera supposée identique dans les deux types de guides, du fait de la décroissance très rapide du champ dans la gaine des guides diélectriques.

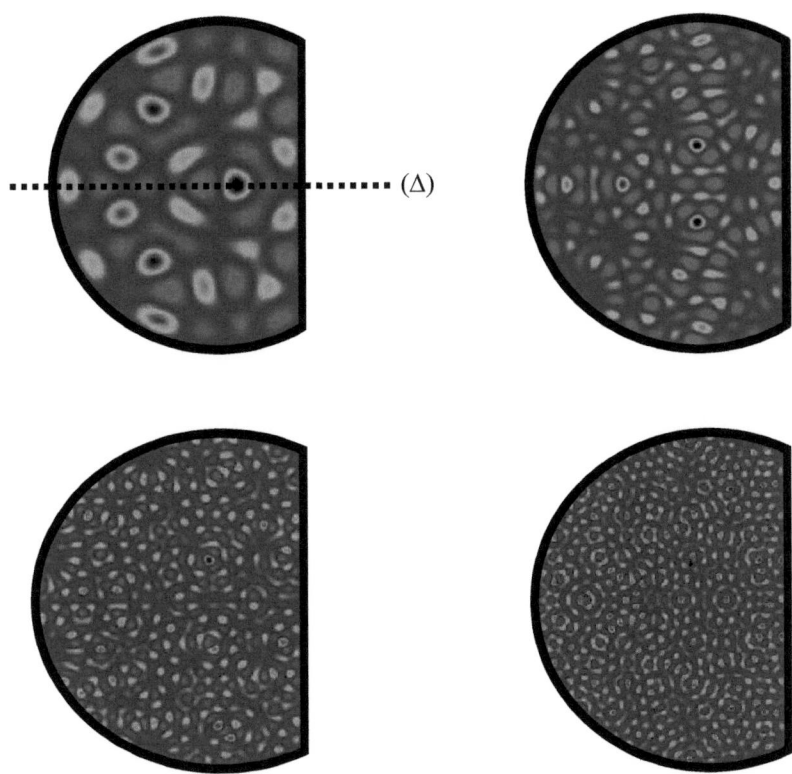

Figure 45 : Répartition transverse de l'amplitude du champ associé à différents modes dans une fibre optique circulaire tronquée multimode à saut d'indice

Contrairement aux modes d'une fibre optique circulaire, les modes d'une fibre circulaire tronquée sont caractérisés par une répartition transverse du champ irrégulière et étendue sur toute la surface du cœur (pas de caustique). On constate cependant que la symétrie par rapport à l'axe horizontal (Δ) de la géométrie du cœur de la fibre se retrouve dans la distribution d'intensité du champ modal, et ce pour tous les modes.

Ces modes, dits **ergodiques** [67], sont caractéristiques des systèmes chaotiques. Le champ associé à un mode ergodique se comporte comme un champ diffus : la distribution transverse d'intensité a les caractéristiques d'une figure granulaire[1] et l'amplitude du champ présente une densité de probabilité de type loi gaussienne [68].

Dans une fibre optique amplificatrice à double gaine, seule une géométrie de gaine interne chaotique peut engendrer l'existence de modes ergodiques, et par conséquent une répartition équilibrée du champ modal sur toute la surface de cette gaine. De cette façon, l'intégrale de recouvrement entre la zone active et la distribution transverse de l'intensité du champ associé à chacun des modes de la gaine interne n'est pas nulle, quel que soit le mode concerné. Comme tous les modes peuvent être absorbés, les performances de la fibre amplificatrice sont susceptibles d'être améliorées.

II.3.2 Observation expérimentale d'une superposition de modes

Les caractéristiques de régularité ou d'irrégularité du champ associé aux modes de structures simples ou chaotiques se retrouvent par l'observation expérimentale des figures d'intensité du champ proche en sortie de fibre.

Une fibre circulaire et une fibre en « D » multimodes à saut d'indice ont été excitées dans les mêmes conditions par un faisceau laser dirigé suivant l'axe de propagation et focalisé sur le centre de la face d'entrée. Dans le cas de la fibre circulaire, des régularités apparaissent (figure 46a), alors qu'une figure granulaire se répartit uniformément sur toute la surface du cœur de la fibre circulaire tronquée (figure 46b). La superposition des structures modales guidées avec des relations de phase aléatoires engendre l'apparition de grains de tailles variées.

---

[1] En anglais, « speckle pattern ».

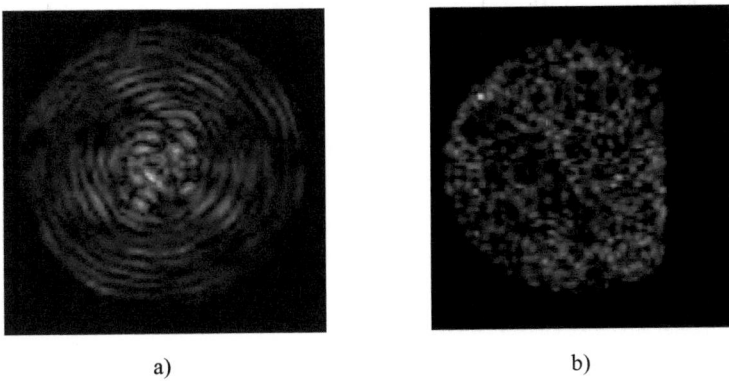

              a)   b)

Figure 46 : Observation expérimentale de la figure d'intensité du champ proche en sortie de fibres optiques circulaire et circulaire tronquée (excitation dans l'axe par un faisceau laser focalisé sur le centre de la face d'entrée par un objectif ×20 ; fibres : diamètre = 125 µm, $\Delta n = 5.10^{-3}$)

II.4 Conclusion

Dans une fibre optique amplificatrice à double gaine, l'utilisation d'une gaine interne imposant une propagation chaotique, comme le cercle tronqué, doit permettre de conserver tout au long de la fibre un recouvrement non nul entre la zone dopée aux ions de terres rares et la distribution transverse de l'intensité du champ associé à l'onde de pompe. L'énergie de pompe absorbée par le cœur actif au bout d'une suffisamment grande longueur de fibre doit être accrue par rapport à celle absorbée dans une même longueur de fibre non chaotique. Le pompage étant globalement plus efficace, on peut espérer une amélioration des performances de l'amplificateur utilisant cette fibre.

Il est maintenant nécessaire de quantifier l'amélioration apportée. Pour cela, nous proposons d'abord, dans le paragraphe suivant, une étude numérique de l'absorption de la lumière de pompe dans les fibres optiques à double gaine, pour différentes géométries de gaine interne.

III Etude numérique de l'absorption de la pompe par la méthode du faisceau propagé

Dans ce paragraphe, l'absorption de la pompe dans les fibres optiques à double gaine dopées aux terres rares est quantifiée numériquement pour différentes géométries de gaine interne. En particulier, les formes simples et tronquées évoquées dans le paragraphe précédent sont comparées. Cette étude numérique va permettre d'aboutir à la définition de la géométrie optimale de gaine interne, conduisant à l'absorption de la pompe la plus homogène tout au long de la fibre.

III.1 Présentation de l'algorithme de BPM

La **méthode du faisceau propagé**[1] est couramment utilisée pour simuler la propagation de la lumière dans les guides d'ondes optiques de forme quelconque, dont le profil d'indice de réfraction varie ou non longitudinalement. Elle permet de connaître la distribution transverse de l'amplitude complexe du champ se propageant dans le guide pour toute abscisse longitudinale z.

Les algorithmes de BPM fonctionnent soit par **différences finies**[2], soit par **transformée de Fourier rapide**[3] [69]. Dans notre cas, il s'agit d'un algorithme FFT-BPM fondé sur le schéma initial de M. D. Feit et J. A. Fleck [70].

Principe physique de la méthode utilisée

La méthode que nous utilisons repose sur le fait que l'onde optique se propageant dans le guide subit l'influence de deux phénomènes :
- la **diffraction**, du fait de la nature ondulatoire de la lumière (correspondant à la propagation en espace libre) ;
- la **réflexion** sur les contours du guide, engendrant des déphasages (correspondant à la propagation confinée dans le milieu guidant).

---

[1] En anglais, BPM pour « Beam Propagation Method ».
[2] FD-BPM pour « Finite Difference BPM ».
[3] FFT-BPM pour « Fast Fourier Transform BPM ».

Le guide est virtuellement divisé en petits segments de propagation de longueur Δz, sur chacun desquels on applique séparément les deux phénomènes. De cette façon, le guide est équivalent à une succession de lentilles (traduisant le confinement de l'onde guidée) séparées par des portions de milieu homogène (traduisant la propagation libre de l'onde) [71], comme l'illustre le schéma de la figure 47. Chaque portion de numéro i, entre deux lentilles l_i et l_{i+1}, possède un indice de réfraction constant $\overline{n}_i$ représentant la moyenne de la distribution d'indice n(x,y,z) dans la région correspondante du guide initial.

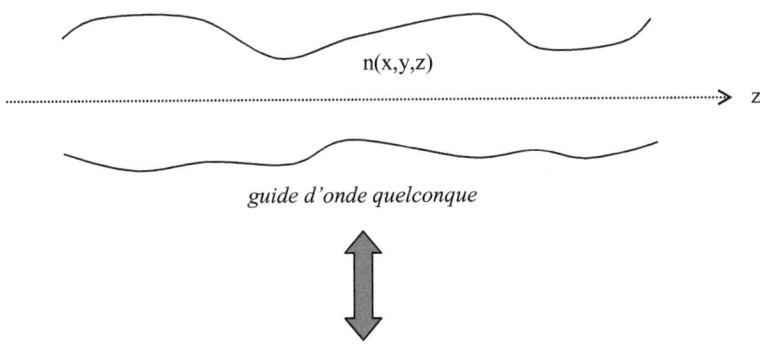

guide d'onde quelconque

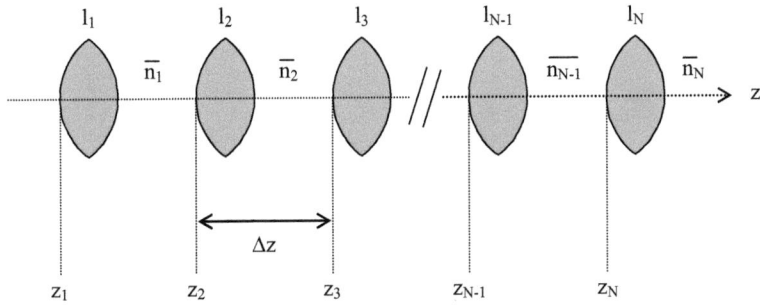

guide formé de n segments de longueur Δz

Figure 47 : Schéma équivalent du guide d'onde (d'après [71])

Algorithme de calcul

Sur chaque pas de propagation Δz, quatre opérations sont réalisées (figure 48). L'étape de diffraction est effectuée dans l'espace de Fourier.

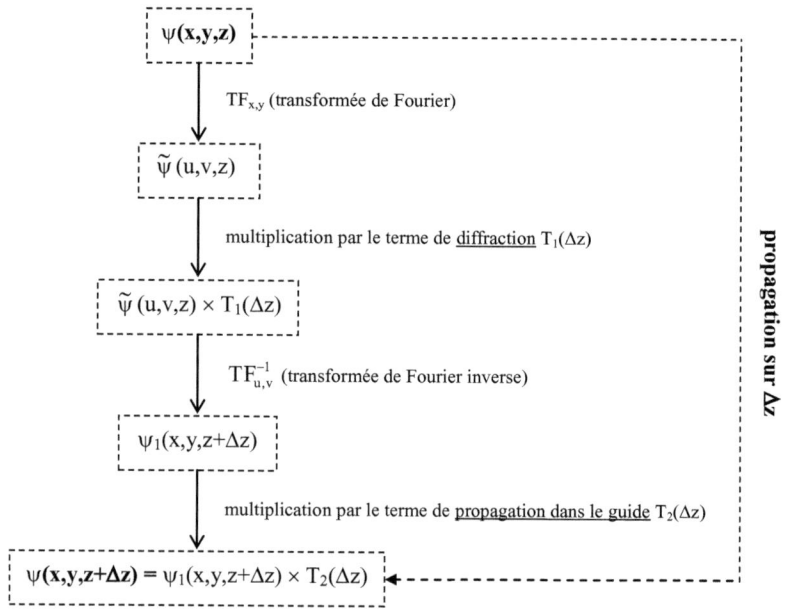

Figure 48 : Calculs effectués sur chaque pas de propagation Δz

Paramètres à définir pour la simulation

Avant d'effectuer une simulation, il est nécessaire de définir :
- le profil d'indice de réfraction du guide étudié, en prenant soin d'éviter les discontinuités d'indice trop brutales, qui sont mal traitées par les algorithmes FFT ;
- la distribution transverse du champ d'excitation appliqué sur la face d'entrée du guide, soit $\psi(x,y,z=0)$;
- la longueur d'onde de travail ;
- la longueur de la fibre.

La section transverse est découpée en secteurs élémentaires rectangulaires dans lesquels l'indice de réfraction est supposé constant. Dans le cas de notre étude, une section transverse de dimensions D×d sera divisée en 16384 secteurs élémentaires de dimensions $\frac{D}{128} \times \frac{d}{128}$, chacun étant associé à un pixel d'écran. Dans ce qui suit, on représente sur certaines figures des distributions transverses de champ obtenues au moyen du logiciel de BPM. Sur ces figures, les axes x et y sont gradués en pixels de 1 à 128 (fenêtre d'analyse de 128×128 pixels).

Le pas de propagation Δz doit aussi être spécifié. Il sera de 0,2 µm dans notre cas, correspondant à un bon compromis entre précision[1] et vitesse des calculs effectués.

III.2 Résultats obtenus

III.2.1 Préambule

L'étude de la forme de la gaine interne dans les fibres optiques amplificatrices à double gaine a déjà été relatée dans la littérature [55,72]. Ces travaux proposent une approche de la propagation par les rayons lumineux, ainsi qu'un modèle d'analyse géométrique à deux dimensions. Les résultats donnent une information approximative sur la fraction de puissance de pompe susceptible d'être absorbée dans les différentes fibres. Ils ne permettent qu'une comparaison qualitative de l'absorption dans chaque cas. L'étude numérique par BPM que nous présentons ici est fondée sur une approche ondulatoire de la propagation dans les fibres optiques à double gaine. Cette approche est nécessaire afin de pouvoir quantifier précisément l'absorption de la pompe et comparer ultérieurement les performances des amplificateurs réalisés avec les différentes fibres.

Notre étude a pour but de déterminer la capacité intrinsèque de différentes fibres optiques à double gaine à absorber l'énergie de pompe. Il ne s'agit pas ici de s'intéresser aux effets actifs des ions de terres rares, mais uniquement à l'absorption, par le cœur

---

[1] La condition $\frac{2\pi}{\lambda} ON \cdot \Delta z \ll 1$ doit être respectée afin que l'évolution transverse du champ soit modélisée avec une précision suffisante (ON : ouverture numérique de la gaine interne).

monomode, de l'énergie multimode se propageant dans la gaine interne. Ainsi, dans les fibres à double gaine étudiées dans cette partie, le cœur central peut être considéré comme une simple zone absorbante (indépendamment de ses propriétés de guidage monomode).

Nous avons choisi de travailler avec λ_P = 980 nm, correspondant au pic d'absorption typiquement utilisé dans le cas des ions erbium. Cependant, la géométrie optimale de gaine interne, qui sera identifiée à la suite de cette étude numérique, restera valable pour toute valeur de longueur d'onde de pompe, c'est-à-dire quel que soit l'ion de terre rare utilisé.

Nous utilisons le logiciel de BPM afin de calculer la distribution de l'énergie de pompe ainsi que son absorption tout au long de la propagation dans des fibres optiques amplificatrices à double gaine. Sept formes différentes de gaine interne sont considérées (figure 49), dont certaines ont déjà fait l'objet de nombreuses publications dans le domaine des amplificateurs et lasers à fibre (figures 49a et 49c) [73-76]. Ces choix de formes sont dictés par :
- le besoin d'avoir une référence dans un cas défavorable (figure 49a) ;
- la facilité de fabrication avec une dynamique régulière des rayons (figure 49c) ;
- la facilité de fabrication avec une dynamique irrégulière (figures 49b, 49d, 49e, 49f) ;
- la nécessité d'évaluer les performances d'une structure complexe déjà proposée dans le commerce (figure 49g).

Pour chacune de ces sept fibres, le cœur monomode possède un diamètre de **6 µm** et une ouverture numérique de **0,12**. La surface de la gaine interne est environ égale à **15000 µm²** dans les sept cas, ce qui correspond à un diamètre de **140 µm** pour la fibre circulaire. L'ouverture numérique de la gaine interne s'élève à **0,3**. Ces grandeurs correspondent à des valeurs typiques de paramètres opto-géométriques de fibres optiques à double gaine.

Le caractère absorbant du cœur dopé aux terres rares est modélisé par l'introduction d'un indice de réfraction imaginaire négatif n'' dont le module vaut 10^{-5}. Ce dernier conduit à une atténuation linéique α_{coeur} d'environ 550 dB/m dans le cœur actif à la longueur d'onde de pompe $\lambda_P = \textbf{980 nm}$. En considérant une répartition uniforme du champ dans la gaine interne supposée ergodique, l'atténuation linéique α_{gaine} dans la gaine interne à λ_P est donnée par :

$$\alpha_{gaine} = \frac{S_{cœur}}{S_{gaine}} \alpha_{cœur}, \qquad (19)$$

où $S_{cœur}$ et S_{gaine} désignent les surfaces respectives du cœur actif et de la gaine interne.

Avec les valeurs numériques indiquées ci-dessus, on obtient $\alpha_{gaine} \approx \textbf{1 dB/m}$, valeur typiquement rencontrée dans les fibres optiques à double gaine usuelles.

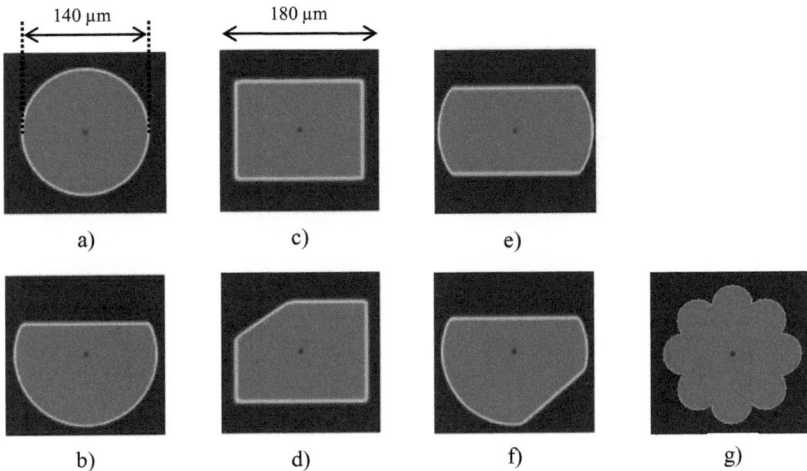

Figure 49 : Différentes formes de gaine interne étudiées

a) Circulaire
b) Circulaire tronquée
c) Rectangulaire
d) Rectangulaire tronquée
e) Circulaire à deux troncatures parallèles
f) Circulaire à deux troncatures non parallèles
g) « En fleur »

Le rapport $S_{cœur}/S_{gaine}$ est le même pour les sept fibres.

Nous donnons dans la suite les résultats obtenus pour différents types d'excitation. Dans chaque cas, nous traçons la courbe $P_P(z)$, montrant l'évolution longitudinale de la puissance de pompe dans la gaine interne, exprimée en dBm et normalisée à 0 en z = 0. La longueur des fibres est fixée à **1 m**.

III.2.2 Excitation par une gaussienne de faible largeur à mi-hauteur

En premier lieu, le champ appliqué sur la face d'entrée des fibres est une gaussienne purement réelle de largeur à mi-hauteur 4 µm, décalée de 20 µm par rapport au centre (figure 50a). Cette excitation très fine permet de coupler significativement de l'énergie sur la plupart des modes de la gaine interne, que ceux-ci soient d'ordre bas comme d'ordre haut. Cette affirmation se justifie en considérant le champ d'excitation dans l'espace de Fourier, où il est très étendu (figure 50b), mettant en évidence la multitude des valeurs prises par les composantes transverses du vecteur d'onde. La courbe $P_P(z)$ apparaît sur la figure 50c.

Dans le cas de la fibre circulaire, la décroissance de la puissance de pompe est très forte dans les tous premiers centimètres de propagation (0,5 dB sur 8 cm), correspondant à l'absorption des modes d'ordre bas, dont l'intégrale de recouvrement avec la section dopée est élevée. Après quelques centimètres de propagation, la puissance restante est portée par des modes d'ordre haut, qui jouent un rôle négligeable dans le processus de pompage, car ils ont peu ou pas d'énergie dans le cœur monomode. Pour cette raison, l'absorption linéique de la pompe tombe en deçà d'une valeur très faible après environ 50 cm de propagation ($\approx$ 0,2 dB/m à z = 50 cm et 0,05 dB/m à z = 1 m), engendrant une diminution de l'inversion de population, ce qui affecte fortement le gain dans un amplificateur. Cette diminution de l'absorption de la pompe au cours de la propagation dans une fibre à double gaine circulaire a déjà été relatée dans la littérature [55,77].

Les six autres fibres présentent une courbe d'absorption de la pompe significativement différente. Dans les premiers centimètres, la pente de cette courbe ($\approx$ 1 dB/m) est nettement plus faible que dans le cas de la fibre circulaire ($\approx$ 13 dB/m). Cependant, cette pente demeure bien plus régulière tout au long de la propagation. Ainsi, la fraction de puissance de pompe absorbée en z = 1 m est sensiblement plus importante pour ces six fibres (atténuation de 1,05 dB dans le cas de la fibre circulaire à deux troncatures non parallèles) que pour la fibre circulaire (0,85 dB).

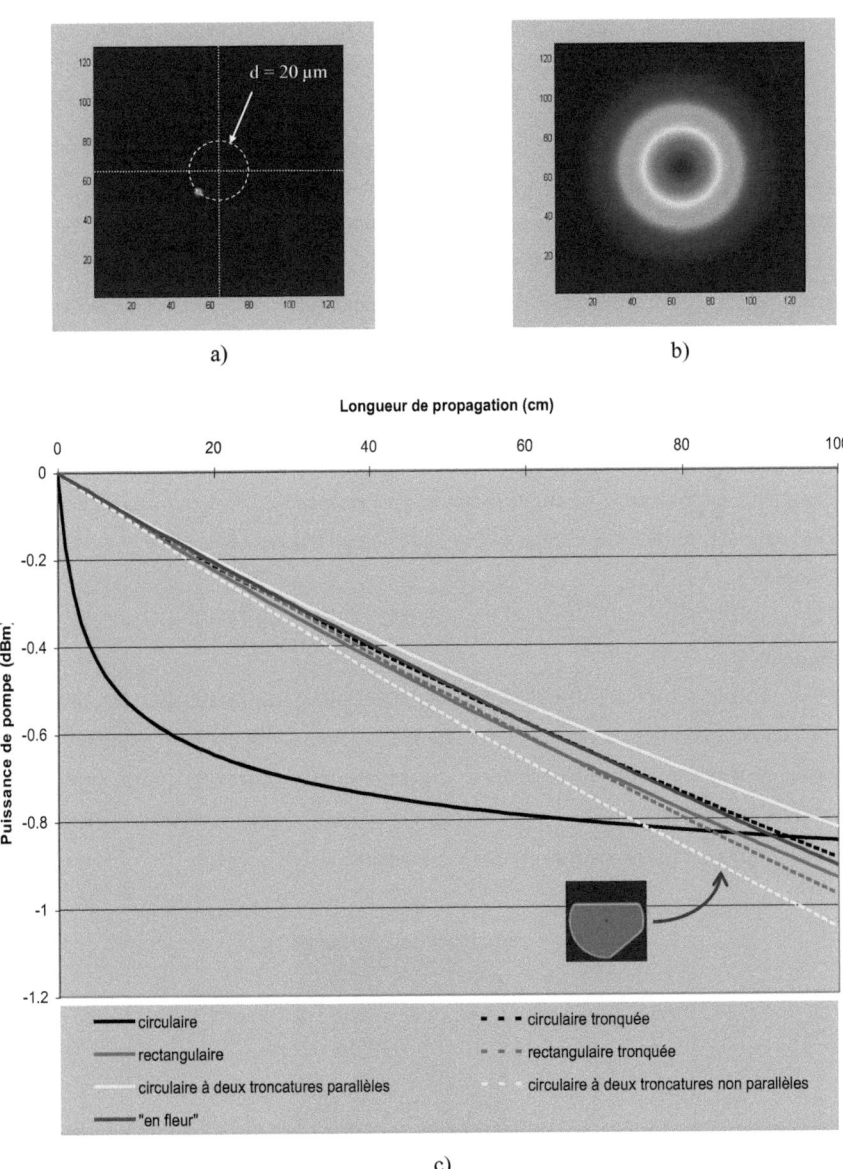

Figure 50 : Evolution longitudinale de la puissance de pompe pour différentes formes de gaine interne (c) ; la distribution transverse du module du champ appliqué sur la face d'entrée de la fibre est représentée dans l'espace réel (a) et dans l'espace de Fourier (b)

En particulier, c'est la fibre circulaire à deux troncatures non parallèles qui permet d'obtenir la plus forte absorption de la pompe après un mètre de propagation, avec une évolution quasi linéaire. En fait, comme le billard circulaire tronqué, le billard circulaire à deux troncatures non parallèles constitue une structure chaotique. On montre cependant que la dynamique chaotique se développe plus rapidement dans cette structure à double troncature, dans laquelle n'apparaît plus de symétrie axiale. D'après la partie II de ce chapitre[1], cela signifie que, dans cette structure, l'absorption de la pompe est mieux distribuée sur l'ensemble des modes de la gaine interne, et présente par conséquent une évolution longitudinale plus linéaire. Il s'agit donc de la forme de gaine interne optimale parmi celles que nous avons choisi de comparer, puisqu'elle permet d'obtenir la plus forte quantité de pompe absorbée après un mètre de propagation, mais aussi au-delà. Peut-être existe-t-il d'autres structures plus efficaces, mais, pour des raisons de faisabilité technologique et de coût, il n'est pas raisonnable de considérer des formes trop complexes, qui ne pourraient donner lieu à une exploitation industrielle.

Remarque :

Dans la structure circulaire à deux troncatures non parallèles, les modes ergodiques[2] permettent d'atteindre des performances proches du cas idéal (courbe $P_P(z)$ linéaire). Il existe dans cette structure des trajectoires particulières de rayons, appelées **orbites périodiques**, qui se « reparcourent elles-mêmes » après un certain nombre de rebonds [58]. La figure 51 en montre deux exemples.

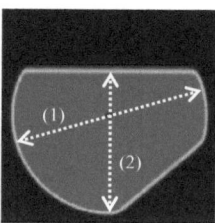

Figure 51 : Orbites périodiques dans la structure circulaire
à deux troncatures non parallèles

---

[1] Voir les approches géométrique et ondulatoire de la théorie du chaos.
[2] Cf. paragraphe II.3 de ce chapitre.

Les performances de la fibre amplificatrice à deux troncatures non parallèles peuvent être encore meilleures si l'on modifie la position des troncatures afin d'éliminer les orbites périodiques rémanentes de la géométrie circulaire non chaotique, telles que l'orbite (1) sur la figure 51. En effet, ces orbites ralentissent le développement de la dynamique chaotique. Cette optimisation de la géométrie doit cependant rester réaliste et ne doit pas être à l'origine de tensions mécaniques trop intenses lors de la phase d'étirage de la préforme, car l'existence de ces contraintes non relâchées risque de fragiliser la fibre en provoquant des fractures.

On a représenté sur la figure 52 la distribution transverse du module du champ en $z = 1$ cm dans la fibre circulaire, ainsi qu'en $z = 1$ m dans les sept fibres.

Dans le cas de la fibre circulaire, on observe une zone de forte énergie en forme d'anneau, due au type d'excitation (gaussienne fine et décalée). De plus, on constate que le champ en $z = 1$ m est dépourvu d'énergie dans la zone centrale. L'existence de cette caustique met clairement en évidence le fait que les modes d'ordre bas ont été fortement absorbés en début de propagation et permet de prévoir une absorption quasi nulle au-delà de la longueur de 1 m considérée.

Dans le cas des six autres fibres, on observe en $z = 1$ m un champ de tavelures étendu sur la totalité de la surface de la gaine interne. Ce champ est aussi intense au centre (à proximité du cœur absorbant) qu'en périphérie. Ainsi, l'absorption de la pompe gardera la même ampleur au-delà de $z = 1$ m. Il sera alors possible d'envisager la fabrication d'amplificateurs longs pour lesquels l'inversion de population restera suffisante tout au long de la fibre.

CHAPITRE III
ETUDE THEORIQUE ET NUMERIQUE DE L'ABSORPTION DE LA POMPE...

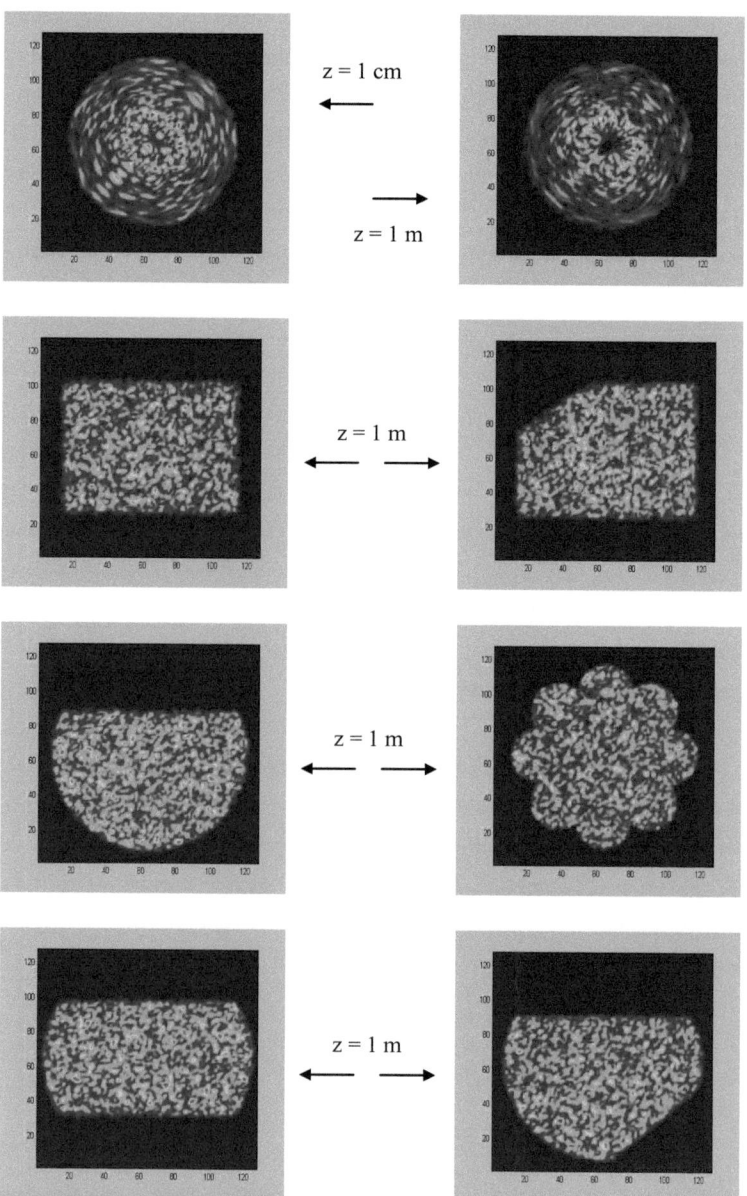

Figure 52 : Distribution transverse du module du champ calculé par BPM dans les différentes fibres de la figure 49 excitées par une gaussienne fine

La figure 53 montre les résultats obtenus avec le même champ gaussien d'excitation (largeur à mi-hauteur de 4 µm), mais cette fois-ci décentré de 45 µm.

Seule la fibre circulaire présente une courbe $P_P(z)$ sensiblement différente. En effet, le champ d'excitation, plus fortement décalé ici, fournit essentiellement de l'énergie à des modes d'ordre élevé. De cette façon, on n'observe plus de forte décroissance de la puissance de pompe en début de fibre, puisque celle-ci était due à l'absorption des modes d'ordre bas qui ne sont pas excités ici.

Finalement, avec ce type d'excitation, la fibre circulaire reste la plus inefficace, et ce dès les tout premiers centimètres de propagation. On atteint seulement 0,25 dB d'absorption de la pompe après un mètre de propagation, contre 1,1 dB pour la fibre circulaire à deux troncatures non parallèles. De plus, en z = 1 m, la pente de la courbe pour la fibre circulaire est seulement de 0,05 dB/m alors qu'elle vaut environ 1 dB/m pour la fibre circulaire à deux troncatures non parallèles. Ceci témoigne encore de l'inefficacité de l'absorption dans la fibre circulaire loin de l'entrée.

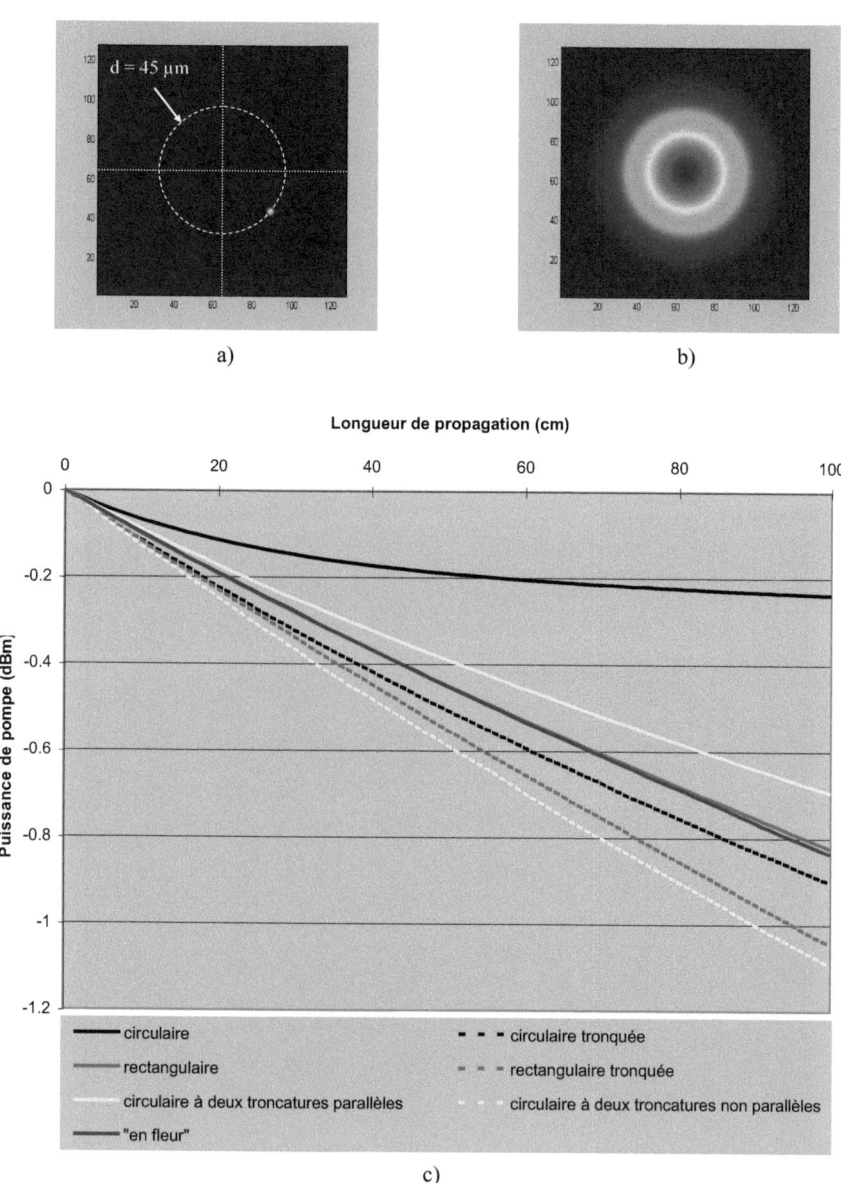

Figure 53 : Evolution longitudinale de la puissance de pompe pour différentes formes de gaine interne (c) ; la distribution transverse du module du champ appliqué sur la face d'entrée de la fibre est représentée dans l'espace réel (a) et dans l'espace de Fourier (b)

III.2.3 Excitation par une gaussienne large

On considère maintenant un champ d'excitation gaussien de largeur à mi-hauteur 32 µm, décalé de 20 µm par rapport au centre (figure 54a). Peu étendu dans l'espace de Fourier (figure 54b), ce champ excite principalement des modes d'ordre bas de la gaine interne. Sur la figure 55, montrant la distribution transverse du module du champ dans les différentes fibres en $z = 1$ m, on peut vérifier la présence de modes essentiellement d'ordre bas, comme en témoigne la taille importante des grains d'énergie.

On a calculé les coefficients d'excitation des modes $LP_{m,n}$ de la gaine interne de la fibre circulaire (donnés par le carré de l'intégrale de recouvrement en champ normalisée). Les dix plus fortes valeurs apparaissent dans l'ordre décroissant sur le tableau 5. On a de plus calculé l'intégrale de recouvrement entre la zone active et la distribution de l'intensité du champ associé aux dix modes les mieux excités. Parmi ces modes, deux seulement, $LP_{0,1}$ et $LP_{0,2}$, sont susceptibles d'être absorbés par le cœur actif de manière sensible. Comme les modes $LP_{0,n}$ ($n > 2$), qui pourraient être très efficacement absorbés, ne sont quasiment pas excités, on peut s'attendre à une décroissance plus lente de la puissance de pompe sur les premiers centimètres de propagation. Par ailleurs, le mode $LP_{0,1}$ reçoit environ 35% de l'énergie totale couplée dans la gaine interne, mais il est assez peu efficacement absorbé. L'absorption du mode $LP_{0,2}$ est quant à elle plus efficace, mais elle ne porte que sur environ 10% de l'énergie totale injectée. Ainsi, l'épuisement de l'énergie portée par ces deux modes devrait avoir lieu sur une assez grande longueur de propagation. La courbe d'absorption de la pompe devrait alors conserver une pente appréciable, même loin de l'entrée.

Les courbes $P_P(z)$ calculées par BPM apparaissent sur la figure 54c. L'allure de la courbe d'absorption dans le cas de la fibre circulaire est en bon accord avec l'analyse phénoménologique proposée ci-dessus : on a bien une décroissance lente de la puissance de pompe avec une pente assez stable (environ 0,6 dB/m en $z = 20$ cm et 0,45 dB/m en $z = 1$ m). L'absorption au bout d'un mètre de propagation apparaît plus forte que pour les autres fibres, du fait de la présence des modes $LP_{0,1}$ et $LP_{0,2}$. Cependant, après la disparition de ces modes, l'énergie restante (55% de l'énergie injectée) sera très faiblement absorbée et la courbe $P_P(z)$ présentera une pente quasi nulle. Au contraire, dans le cas des six autres fibres, la pente de la courbe sera maintenue sur une grande longueur de propagation, de sorte que la puissance de pompe absorbée deviendra plus importante.

Dans le cas de la fibre circulaire à deux troncatures non parallèles, la pente de la courbe d'absorption est d'environ 0,45 dB/m sous excitation de modes d'ordre bas par un champ large, alors qu'elle atteint 1 dB/m dans le cas de l'excitation d'un grand nombre de modes par une gaussienne fine (figures 50 et 53). Le type d'excitation utilisé ici, par un champ large, n'exploite donc pas les possibilités qu'offre la structure circulaire à deux troncatures non parallèles, en termes d'absorption de la pompe. Pour mettre en évidence les meilleures performances susceptibles d'être obtenues avec cette structure, il faut utiliser un champ d'excitation couplant de l'énergie sur les modes ergodiques, dont l'ordre est élevé.

Mode	Coefficient d'excitation	Recouvrement avec la zone active
$LP_{0,1}$	0,3449	**0,0069**
$LP_{1,1}$	0,2247	$3,91.10^{-5}$
$LP_{1,2}$	0,1815	$2,34.10^{-4}$
$LP_{0,2}$	0,0982	**0,0159**
$LP_{2,2}$	0,0544	$2,36.10^{-6}$
$LP_{2,1}$	0,0453	$2,11.10^{-7}$
$LP_{1,3}$	0,0170	$6,98.10^{-4}$
$LP_{3,2}$	0,0100	$1,78.10^{-8}$
$LP_{2,3}$	0,0094	$1,15.10^{-5}$
$LP_{3,1}$	0,0070	$9,78.10^{-10}$

Tableau 5 : Coefficients d'excitation des modes $LP_{m,n}$ dans la fibre circulaire dans l'ordre décroissant (excitation par la gaussienne de la figure 54a) ; valeurs normalisées de l'intégrale de recouvrement en intensité de ces modes avec la zone active

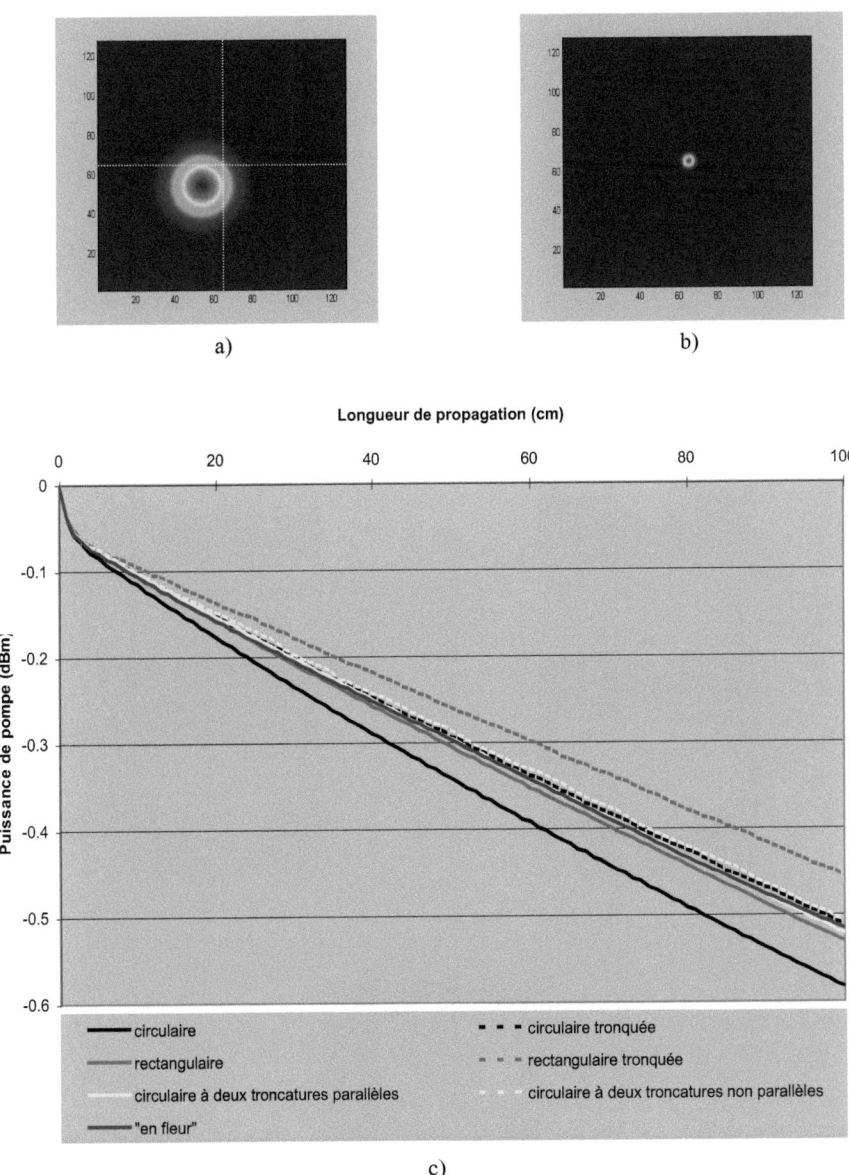

Figure 54 : Evolution longitudinale de la puissance de pompe pour différentes formes de gaine interne (c) ; la distribution transverse du module du champ appliqué sur la face d'entrée de la fibre est représentée dans l'espace réel (a) et dans l'espace de Fourier (b)

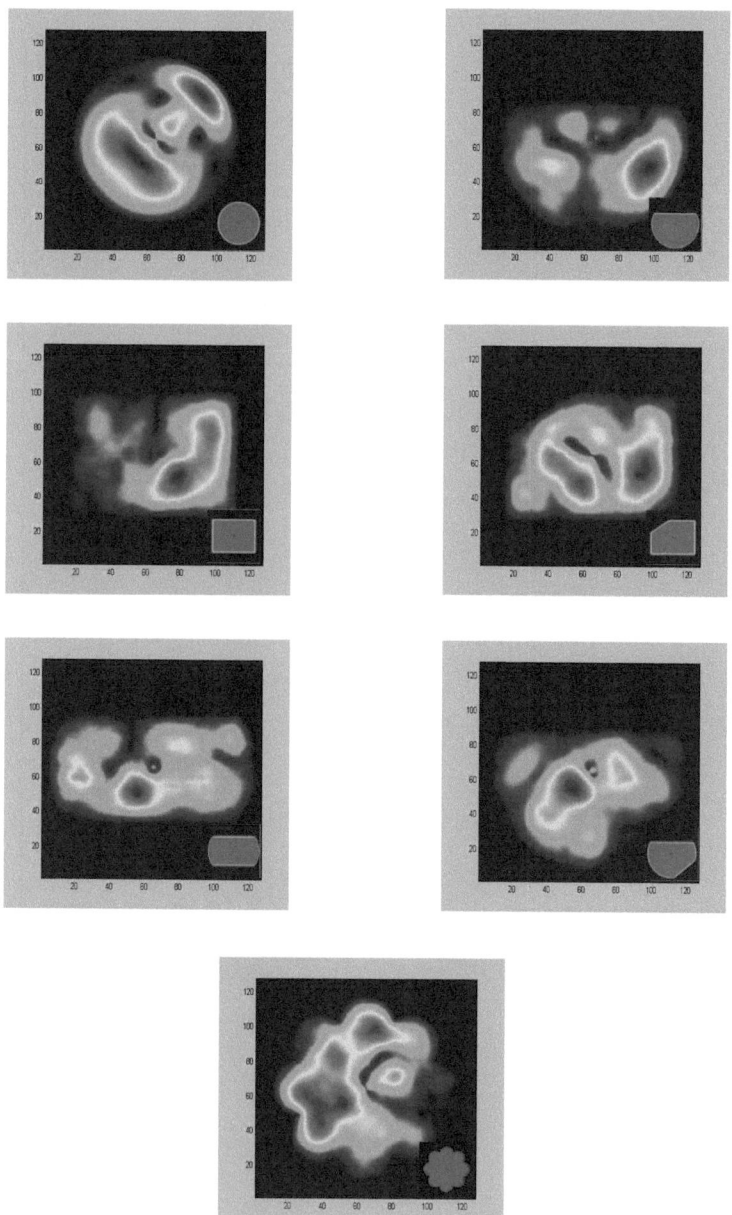

Figure 55 : Distribution transverse du module du champ calculé par BPM en z = 1 m dans les différentes fibres de la figure 49 excitées par une gaussienne large

III.2.4 Excitation par un champ de granularité

A présent, le champ appliqué en z = 0 est un champ de granularité provenant d'une fibre optique multimode à saut d'indice standard (50/125) dans laquelle on a excité avec le même poids les quelque trois cents modes guidés (figure 56a). Dans l'espace de Fourier (figure 56b), ce champ d'excitation est très étendu, avec une concentration d'énergie au centre. Il va donc exciter un grand nombre de modes de la gaine interne, mais plus fortement les modes d'ordre bas.

C'est la raison pour laquelle l'absorption obtenue avec la fibre circulaire sur un mètre de propagation ($\approx$ 1,5 dB) est plus importante que dans le cas des autres fibres (moins de 1,35 dB) (figure 56c). Cependant, du fait que les modes d'ordre bas ont été fortement absorbés sur le premier mètre de fibre, la pente de la courbe $P_P(z)$ pour la fibre circulaire passe de 2,7 dB/m en z = 10 cm à environ 0,5 dB/m en z = 1 m. Au contraire, dans le cas de la fibre circulaire à deux troncatures non parallèles, la courbe d'absorption présente une pente quasi constante, plus élevée que pour les autres fibres à z = 1 m. On peut donc conclure que, sur une grande longueur, c'est la fibre circulaire à deux troncatures non parallèles qui absorbera la plus grande quantité d'énergie de pompe.

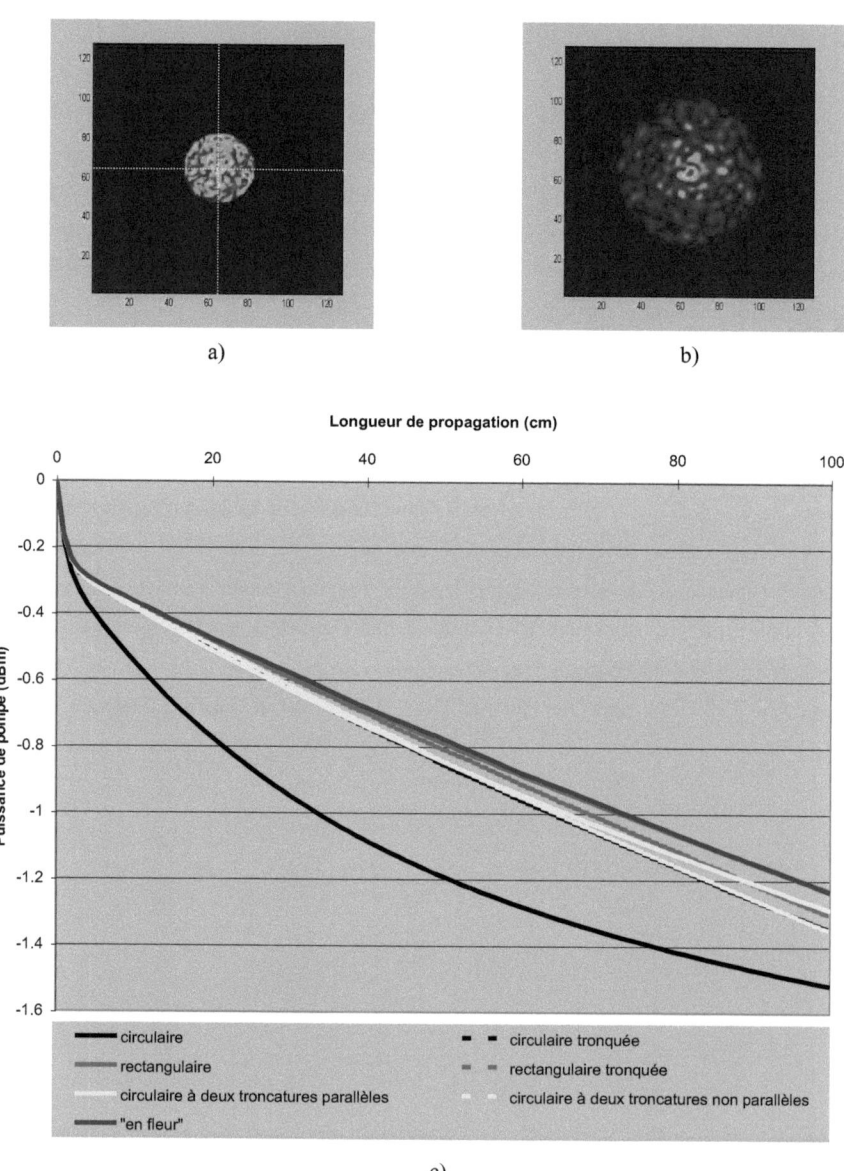

Figure 56 : Evolution longitudinale de la puissance de pompe pour différentes formes de gaine interne (c) ; la distribution transverse du module du champ appliqué sur la face d'entrée de la fibre est représentée dans l'espace réel (a) et dans l'espace de Fourier (b)

III.3 Conclusion

Les différentes courbes d'absorption de la pompe obtenues par BPM montrent que la fibre circulaire à deux troncatures non parallèles peut fournir la plus forte valeur d'absorption au-delà de quelques mètres de propagation, à condition qu'un grand nombre de modes de la gaine interne aient été excités. Dans la pratique, cette dernière condition est remplie, puisque les fibres optiques amplificatrices à double gaine sont généralement pompées par des diodes laser transversalement multimodes[1].

Le cercle à deux troncatures non parallèles nous apparaît donc comme la géométrie optimale, puisque l'utilisation de cette forme de gaine interne permet d'obtenir une absorption de la pompe quasi constante longitudinalement et par conséquent une efficacité de pompage homogène tout au long de la propagation.

---

[1] Voir le paragraphe I.2 du chapitre 2 sur les différents types de pompage.

Chapitre IV

CHAPITRE IV

Modélisation et optimisation des amplificateurs à fibres optiques à double gaine dopées à l'erbium

*Nous utilisons maintenant un logiciel de **modélisation des amplificateurs à fibres optiques**, fondé sur la résolution des équations d'évolution des différentes puissances et densités de population mises en jeu. Nous comparons tout d'abord les performances obtenues pour des amplificateurs utilisant des fibres optiques à double gaine de différentes géométries. L'amplificateur réalisé avec la fibre de forme la plus adéquate est ensuite **optimisé** en fonction de la répartition transverse du dopant terre rare. Trois types de distribution transverse sont étudiés et comparés : dopage dans le cœur central monomode, sur un anneau situé autour de ce cœur et sur un disque plus large que le cœur.*

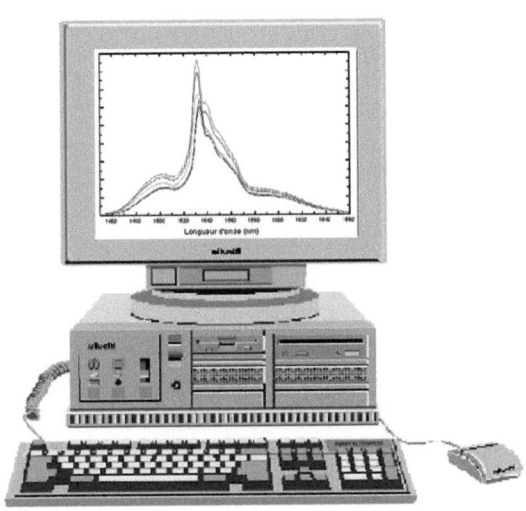

I   Présentation du logiciel de simulation

I.1   Introduction

Le logiciel utilisé afin de modéliser les amplificateurs à fibre est fondé sur la résolution des **équations d'évolution** des différentes puissances et densités de population mises en jeu [31], dans le cas d'un système à trois niveaux d'énergie, comme l'erbium pompé à 980 nm pour amplifier un signal à 1,55 µm. On note S_{ASE} la densité spectrale de puissance d'ASE[1], P_S la puissance du signal et P_P la puissance de pompe. La densité de population du niveau (i) est désignée par N_i (i=1,2,3).

Les intégrales de recouvrement du signal et de la pompe (Γ_S et Γ_P) avec la zone dopée aux terres rares doivent être préalablement évaluées. Comme on l'a déjà remarqué, Γ_S est constante, tandis que Γ_P est une fonction de la distance z. Ensuite, l'évolution spatio-temporelle[2] de S_{ASE}, P_S, P_P et N_2 est calculée, en tenant compte de Γ_S et $\Gamma_P(z)$, des sections efficaces d'absorption et d'émission, de la longueur de la fibre, ainsi que de la concentration ρ des ions actifs de terres rares. La densité de population N_3 est supposée nulle, du fait de la très faible durée de vie caractérisant le niveau (3) (niveau excité par l'absorption de l'onde de pompe). De cette façon, on peut écrire :

$$\rho = N_1 + N_2 \qquad (20)$$

et en déduire aisément l'évolution spatio-temporelle de N_1.

I.2   Equations spatio-temporelles

Les équations d'évolution spatio-temporelle des **puissances du signal et de la pompe** s'écrivent [17] :

---

[1] Puissance d'émission spontanée amplifiée, ou puissance de bruit.
[2] L'algorithme que nous utilisons calcule les densités de population et les puissances lumineuses en tout point de la fibre, en tenant compte des conditions initiales et de la propagation. Il fait par conséquent intervenir à la fois les variables spatiale z et temporelle t. Après une traversée de la fibre par le signal, la simulation est renouvelée avec les paramètres calculés lors de la traversée précédente. Les résultats convergent et tendent vers ceux décrivant le régime stationnaire.

$$\frac{dP_S(z,t)}{dz} = [\sigma_e(\nu_S).N_2(z,t) - \sigma_a(\nu_S).(\rho - N_2(z,t))]\Gamma_S.P_S(z,t) \qquad (21)$$

$$\frac{dP_P(z,t)}{dz} = -\sigma_a(\nu_P).\Gamma_P(z).N_1(z,t).P_P(z,t) \qquad (22)$$

ν_S et ν_P sont les fréquences respectives de l'onde signal et de l'onde de pompe ($\nu_S = \frac{c}{\lambda_S}, \nu_P = \frac{c}{\lambda_P}$). $\sigma_e(\nu_S)$ désigne la section efficace d'émission du signal, $\sigma_a(\nu_S)$ la section efficace d'absorption du signal et $\sigma_a(\nu_P)$ la section efficace d'absorption de la pompe.

Le calcul de la densité spectrale de puissance de bruit s'effectue par tranches spectrales $\Delta\nu$. S_{ASE} est la somme des densités spectrales de puissance d'ASE copropagative (S_{ASE}^+) et contrapropagative (S_{ASE}^-) :

$$S_{ASE}(\nu,z,t) = S_{ASE}^+(\nu,z,t) + S_{ASE}^-(\nu,z,t) \qquad (23)$$

L'équation d'évolution des **densités de bruit** est donnée par :

$$\frac{dS_{ASE}^{+/-}(\nu,z,t)}{dz} = [\pm 2h\nu.\sigma_e(\nu_S).N_2(\nu,z,t) \pm (N_2(\nu,z,t).\sigma_e(\nu_S) - N_1(\nu,z,t).\sigma_a(\nu_S))S_{ASE}^{+/-}(\nu,z,t)]\Gamma_S \qquad (24)$$

avec $h = 6{,}62.10^{-34}$ J.s (constante de Planck).

Enfin, l'évolution spatio-temporelle de la **densité de population du niveau métastable (2)** peut être déduite de :

$$\frac{dN_2(z,t)}{dt} = \frac{\sigma_a(\nu_p)}{h\nu_p}P_p(z,t) + W_{Sa}.N_1(z,t) - \left(W_{Se} + \frac{1}{\tau_f}\right).N_2(z,t) \qquad (25)$$

où τ_f est la durée de vie du niveau métastable.

W_{Sa} et W_{Se} sont les taux d'absorption et d'émission de photons à la longueur d'onde signal. Exprimés en s^{-1}, ils traduisent le nombre de transitions possibles par seconde.

Les valeurs W_{Sa} et W_{Se} sont déterminées par les relations suivantes :

$$W_{Se} = \left[\frac{\sigma_e(\nu_s)}{h\nu_s} P_s(z) + \int_0^\infty \frac{\sigma_e(\nu)}{h\nu} S_{ASE}(\nu) d\nu \right].\Gamma_s \qquad (26)$$

$$W_{Sa} = \left[\frac{\sigma_a(\nu_s)}{h\nu_s} P_s(z) + \int_0^\infty \frac{\sigma_a(\nu)}{h\nu} S_{ASE}(\nu) d\nu \right].\Gamma_s \qquad (27)$$

II   Influence de la géométrie de la gaine interne sur la valeur du gain

II.1   Préambule

Nous étudions ici trois amplificateurs à fibres optiques à double gaine dopées aux ions erbium. Ces amplificateurs utilisent respectivement les fibres circulaire, rectangulaire et circulaire à deux troncatures non parallèles (fibre chaotique) de la figure 49 du chapitre III. Ces trois formes de gaine interne ont été choisies dans le but de comparer les performances de la fibre chaotique (que nous avons conçue et identifiée comme étant celle qui offre la meilleure absorption sur grande longueur et donc le meilleur potentiel de gain) à celles des fibres circulaire et rectangulaire, que l'on rencontre couramment dans la littérature et dans le commerce. Nous rappelons les paramètres opto-géométriques de ces fibres : diamètre du cœur central monomode = **6 µm**, ouverture numérique = **0,12** ; surface de la gaine interne = **15000 µm^2**, ouverture numérique = **0,3**. Les pertes de fond aux longueurs d'onde de pompe et de signal sont négligées, du fait de leurs faibles valeurs (typiquement 1 dB/km à 980 nm et moins de 0,5 dB/km autour de 1,55 µm [31]) et de la petite longueur des amplificateurs étudiés (quelques mètres à quelques dizaines de mètres).

Pour chacun des trois amplificateurs, la résolution des équations d'évolution est effectuée en tenant compte de l'évolution longitudinale de l'intégrale de recouvrement Γ_P. Cette dernière est proportionnelle à la pente de la courbe d'évolution de la puissance de pompe $P_P(z)$ (exprimée en dBm) préalablement calculée par BPM. Remarquons que dans le chapitre III, nous avons tracé de nombreuses courbes montrant $P_P(z)$ pour différentes géométries de gaine interne, en posant arbitrairement $P_P(0) = 0$ dBm. Evidemment, l'évolution de la puissance de pompe exprimée en dBm se superpose à celle de l'atténuation de cette onde de pompe à l'abscisse z, appelée $A_P(z)$ et exprimée en dB. Cette courbe d'absorption $A_P(z)$ est indépendante de la valeur $P_P(0)$ tant que l'onde de pompe injectée demeure insuffisante pour provoquer un dépeuplement significatif du niveau fondamental (autrement dit, on reste en régime de faible inversion de population, soit $N_1 \approx$ constante), ce qui sera supposé vrai par la suite. Ainsi, indépendamment de $P_P(0)$, on peut écrire :

$$\frac{dP_P(z)}{dz} = \frac{dA_P(z)}{dz} = -\Gamma_P(z).\alpha_{coeur} \qquad (28)$$

avec $\alpha_{coeur} \approx$ **550 dB/m** (atténuation linéique dans le cœur actif).

Les courbes de $P_P(z)$, semblables à celles de $A_P(z)$, ont été obtenues pour différents types d'excitation (gaussienne fine ou large, champ de granularité, Cf. partie III du chapitre III). Afin de nous placer dans le cas le plus réaliste de pompage d'une fibre à double gaine, nous exploitons les courbes obtenues lors de l'excitation par un champ de granularité provenant d'une fibre optique multimode à saut d'indice 50/125 (figure 56, chapitre III). Les courbes $A_P(z)$ sont rappelées sur la figure 57 pour les trois fibres à double gaine étudiées ici. Une droite, qui traduirait l'atténuation linéique d'une fibre idéale, dans laquelle chaque mode de la gaine interne participerait avec la même efficacité au processus de pompage, est superposée à la courbe d'atténuation de la fibre circulaire à deux troncatures non parallèles. On constate qu'après 30 cm de propagation, la courbe $A_P(z)$ de la fibre chaotique est très proche de celle de la fibre idéale. Nous supposerons désormais que cette fibre chaotique est idéale, sur un mètre de propagation et au-delà, cette hypothèse se justifiant par ailleurs par l'étude théorique du chapitre III (voir notamment le paragraphe III.2.2 du chapitre III).

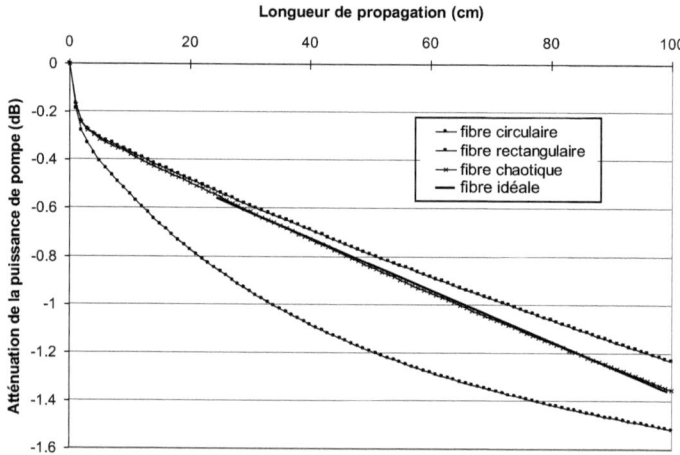

Figure 57 : Evolution longitudinale de l'atténuation de la puissance de pompe dans différentes fibres optiques à double gaine dans le cas d'une excitation par un champ de granularité

II.2 Résultats obtenus

Pour chacun des trois amplificateurs, le calcul du gain est effectué pour deux longueurs d'onde différentes du signal (**1530** et **1560 nm**), dont la puissance égale à **−10 dBm** est contenue dans un seul canal de largeur spectrale 0,25 nm (choisie comme pas de discrétisation spectrale du logiciel). La puissance de pompe injectée à la longueur d'onde de **980 nm** est de **3 W**, valeur dont l'ordre de grandeur est typique dans le cas d'un amplificateur à fibre optique à double gaine pompé par une diode laser [78]. Comme on l'a déjà dit, le choix de cette valeur n'influence pas $\Gamma_P(z)$, mais bien sûr elle est prise en compte pour le calcul de $P_S(z)$ et donc du gain de l'amplificateur.

Les résultats obtenus sont présentés sur la figure 58 : on a tracé l'évolution du gain en décibels en fonction de la longueur de l'amplificateur, pour chacune des trois fibres, à 1530 nm (figure 58a) et 1560 nm (figure 58b).

<u>A 1530 nm</u> :

Dans le cas de la fibre à double gaine circulaire, la pente de la courbe d'atténuation de la pompe est forte sur les premiers centimètres de propagation, mais elle décroît très vite au cours du premier mètre ($\approx$ 2 dB/m à z = 20 cm contre 0,9 dB/m à z = 50 cm). Ainsi, la forte absorption globale sur le premier mètre (environ 1,5 dB) permet d'obtenir un gain significatif du signal (environ 5 dB) pour une fibre de cette petite longueur. Cependant, la très faible absorption linéique de la pompe au-delà d'un mètre de propagation engendre une faible efficacité de pompage qui ne garantit plus l'inversion de population : le signal est alors fortement réabsorbé pour une longueur d'amplificateur supérieure à 1 m. Finalement, pour la fibre circulaire, la longueur optimale L_{opt} est approximativement de 1 m.

Dans le cas de la fibre rectangulaire, la pente de la courbe $A_P(z)$ est plus faible au début : le gain croît moins vite avec la longueur de la fibre. Mais la diminution de la pente de la courbe d'absorption est aussi nettement plus faible quand z augmente, ce qui permet d'obtenir une longueur optimale double (environ 2 m). Cependant, le gain accumulé est à peine meilleur (5,5 dB).

Enfin, pour la fibre chaotique, supposée idéale, la valeur du gain est plus faible pour un amplificateur court (du fait d'une absorption de la pompe moindre sur une petite distance de propagation), mais elle croît régulièrement avec la longueur de la fibre pour atteindre environ 17 dB avec un amplificateur long de 5 m. Le gain augmente encore jusqu'à la longueur optimale de 12 m pour laquelle il vaut 22 dB. La réabsorption du signal au-delà de cette longueur optimale est beaucoup plus lente que dans les deux cas précédents, du fait que l'onde de pompe restante continue à être absorbée en maintenant ainsi une densité de population importante sur le niveau métastable. Notons que cette faible variation du gain autour de L_{opt} pour la fibre chaotique permet un choix de la longueur de l'amplificateur moins critique que pour les fibres circulaire et rectangulaire.

A 1560 nm :

Pour cette longueur d'onde du signal, les fibres circulaire et rectangulaire demeurent quelque peu inefficaces, avec des gains respectifs de 4,2 et 6,6 dB pour des longueurs optimales de 1,1 et 2,8 m. Dans le cas de la fibre idéale, le gain atteint environ 29 dB pour un amplificateur de 47,5 m de longueur. Les longueurs optimales de fibre sont donc plus grandes à 1560 nm qu'à 1530 nm. Cela s'explique par le fait qu'à 1560 nm, l'amplification du signal est obtenue grâce à un fonctionnement de type quasi quatre niveaux, pour lequel la réabsorption du signal est nettement moins importante [31].

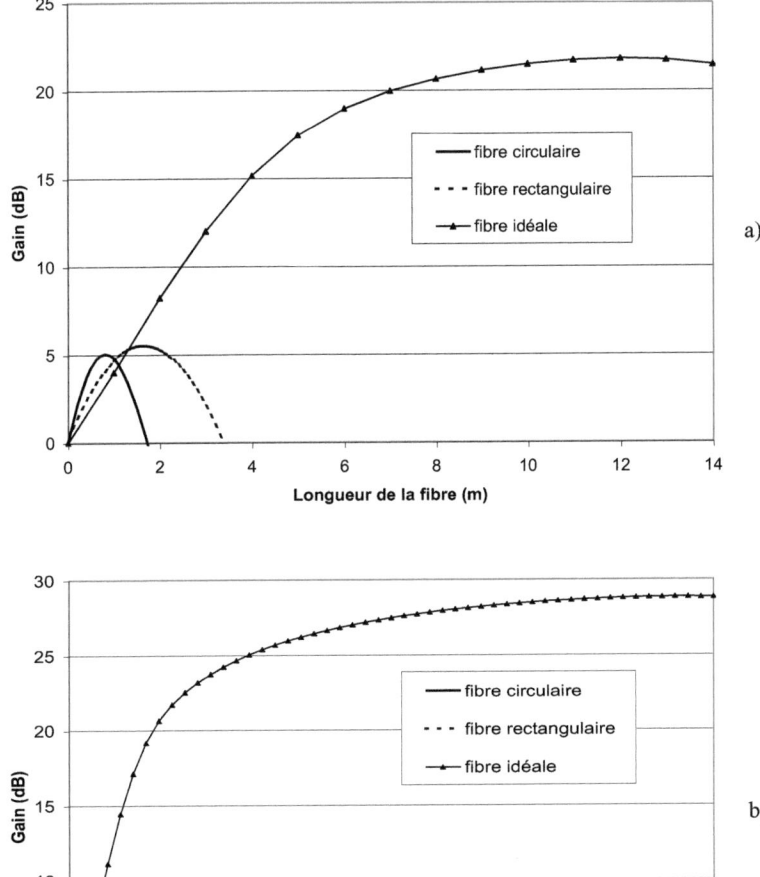

Figure 58 : Evolution du gain en fonction de la longueur de la fibre pour trois amplificateurs à fibre optique à double gaine ; puissance de pompe = 3 W ; signal de puissance −10 dBm à 1530 nm (a) et 1560 nm (b)

Les valeurs de gain obtenues pour les fibres circulaire et rectangulaire peuvent paraître faibles par comparaison à celles que l'on peut trouver dans la littérature. L'obtention de gains de l'ordre de 30 dB est par exemple relatée pour un amplificateur à fibre à double gaine circulaire dopée à l'erbium [21,79,80]. Il est important de noter que, notre but étant de démontrer la meilleure efficacité d'un profil de fibre apportant une propagation dite chaotique, nous nous sommes placés dans des conditions très défavorables, notamment pour les fibres classiques (circulaire et rectangulaire). En effet, la puissance de pompe injectée de 3 W, assez faible dans le cas du pompage d'une fibre optique à double gaine, est associée à une grande surface de gaine interne, ce qui entraîne une très faible inversion de population. Les écarts observés entre les valeurs de gain et de longueur optimale pour les fibres classiques et chaotique sont exacerbés par ces conditions expérimentales particulières. Une très forte puissance de pompe injectée ou une faible surface de gaine interne permettraient de réduire ces écarts de performances, mais sans jamais remettre en cause la meilleure efficacité de la fibre circulaire à deux troncatures non parallèles. Dans la partie suivante, on diminue la surface de la gaine interne afin d'obtenir des valeurs de gain réalistes et comparables aux résultats publiés dans la littérature.

II.3 Conclusion

L'influence de la géométrie de la gaine interne sur les performances des amplificateurs à fibres optiques à double gaine est clairement mise en évidence sur la figure 58. La structure circulaire à deux troncatures non parallèles apparaît comme la géométrie optimale. Dans la suite, nous nous attachons à modéliser et optimiser un amplificateur utilisant une fibre à double gaine de cette forme.

III Optimisation de l'amplificateur en fonction de la répartition transverse du dopant terre rare

L'étude porte maintenant sur un amplificateur utilisant la fibre optique à double gaine circulaire à deux troncatures non parallèles. Cette fibre chaotique est supposée idéale en termes d'absorption de la pompe, c'est-à-dire que l'intégrale de recouvrement Γ_P entre la distribution d'intensité de la pompe et la zone dopée aux terres rares est considérée constante et égale à $S_{cœur} / S_{gaine}$ tout au long de la propagation.

Dans les calculs qui vont suivre, nous nous intéressons à un amplificateur à fibre dopée à l'erbium pompé à **980 nm**. Le cœur monomode a un diamètre de **6 µm** pour une ouverture numérique de **0,13**. La gaine interne possède maintenant une surface de **10000 µm²** (afin que le rapport $S_{cœur} / S_{gaine}$ soit suffisamment important pour obtenir des valeurs de gain réalistes) et une ouverture numérique de **0,38**. Enfin, la concentration en ions erbium est uniformément égale à **1000 ppm** sur la surface dopée. Tous ces paramètres correspondent à des caractéristiques de fibres réelles.

Nous avons remarqué, en réalisant les calculs dont les résultats ont été présentés dans la partie précédente, qu'une faible fraction de la puissance de pompe injectée était absorbée par les ions actifs contenus dans le cœur central. En effet, les fibres optiques à double gaine dont seul le cœur monomode est dopé aux terres rares permettent au signal d'être amplifié sur de courtes longueurs (du fait de la valeur élevée de l'intégrale de recouvrement Γ_S), et compte tenu de la faible longueur de fibre utilisable, seule une faible part de la puissance de pompe injectée, se propageant dans la gaine interne, peut être absorbée. Nous allons rechercher dans cette partie les moyens d'augmenter l'efficacité des fibres à double gaine en modifiant la distribution transverse des ions de terre rare afin qu'une plus grande quantité de puissance de pompe soit absorbée sur la longueur de l'amplificateur. La répartition transverse des ions actifs sera ainsi considérée comme un paramètre, et nous étudions dans la suite les dopages dans le cœur, en anneau et sur un disque plus large que le cœur.

Les simulations numériques portent sur un amplificateur utilisé dans un système de transmission à multiplexage en longueur d'onde. Une puissance signal de **−10 dBm** est également répartie sur **60 canaux** de largeur spectrale **0,25 nm** régulièrement espacés **entre 1520 et 1580 nm**. Les résultats présentés ci-après concernent la valeur du gain en décibels en fonction du canal concerné.

III.1 Dopage dans le cœur central monomode

Dans ce paragraphe, la région dopée aux ions erbium est supposée coïncider exactement avec le cœur central monomode, comme c'est le cas dans une fibre optique à double gaine standard. Les diamètres de cœur et de gaine précédemment donnés conduisent aux valeurs suivantes des intégrales de recouvrement : $\Gamma_S \approx 0,6$ (à 1,55 µm) et $\Gamma_P \approx 2,8.10^{-3}$. L'évolution du gain par canal est tracée sur la figure 59, pour différentes valeurs de puissance de pompe injectée (figure 59a) et de longueur d'amplificateur (figure 59b). Les réseaux de courbes obtenus sont en bon accord avec ceux présentés dans les ouvrages de référence [31] :

- <u>Pour une longueur de fibre donnée</u> (5 m ici), lorsque la puissance de pompe injectée P_P^{in} augmente, le gain s'accroît particulièrement autour de 1530 nm, le fonctionnement de type 3 niveaux étant favorisé par une meilleure inversion de population (figure 59a). Ainsi, le gain dans le canal à 1530 nm vaut environ 11 dB pour $P_P^{in} = 1,5$ W contre 26 dB pour $P_P^{in} = 4$ W.

- <u>Pour une puissance de pompe injectée fixée</u> (3 W ici), lorsque la longueur de la fibre est accrue, le « pic » à 1530 nm tombe à cause de la réabsorption du signal à cette longueur d'onde. Cette absorption du signal engendre l'excitation d'ions erbium qui réémettent ensuite, selon un fonctionnement quasi quatre niveaux, des photons à des longueurs d'onde supérieures, notamment autour de 1560 nm. C'est pourquoi une augmentation du gain est sensible autour de 1560 nm (figure 59b). A titre d'exemple, pour une longueur d'amplificateur de 6 m, le gain par canal vaut environ 25 dB à 1530 nm et 24 dB à 1560 nm ; pour une longueur de 12 m, il tombe à 17 dB à 1530 nm et atteint 31 dB à 1560 nm.

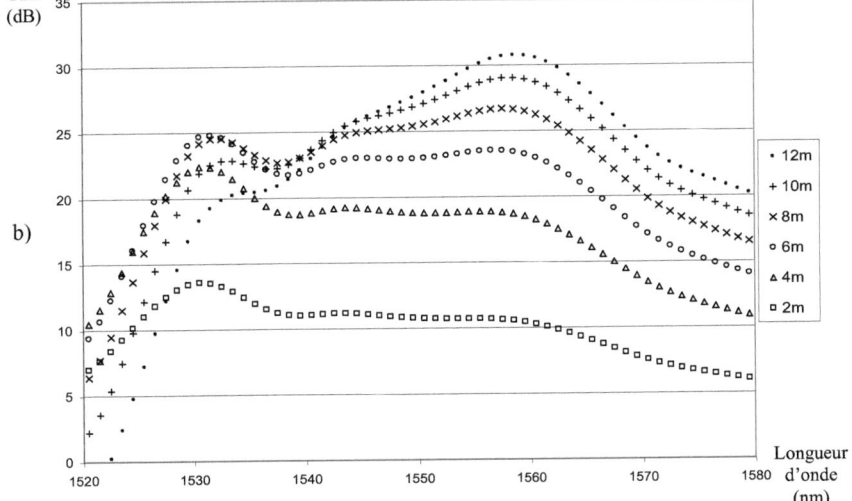

Figure 59 : Evolution du gain par canal (en fonction de la longueur d'onde) pour un amplificateur à fibre à double gaine chaotique dopée à l'erbium dans le cœur monomode ; puissance du signal d'entrée : −10 dBm également répartie sur 60 canaux

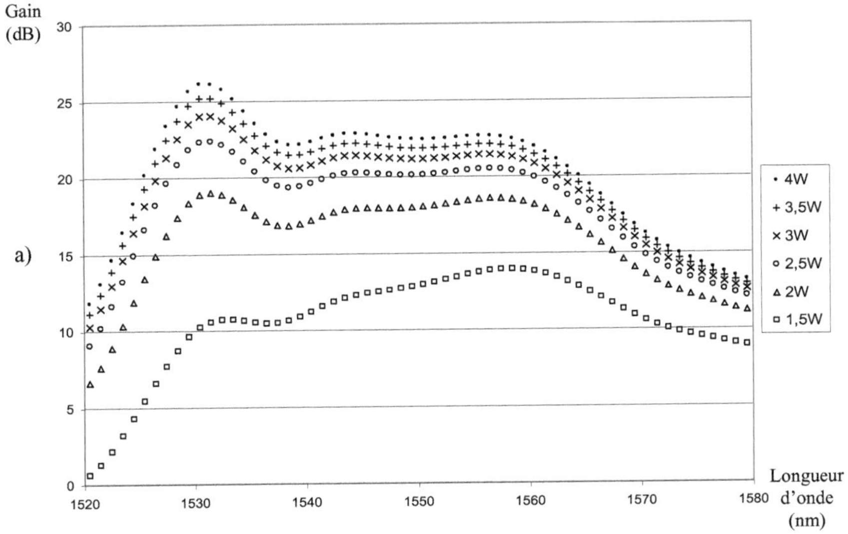

a) Longueur de la fibre = 5 m, courbes paramétrées par la puissance de pompe injectée

b) Puissance de pompe injectée = 3 W, courbes paramétrées par la longueur de la fibre

Nous utilisons maintenant le logiciel de simulation du comportement des amplificateurs à fibre afin d'optimiser la répartition transverse du dopant terre rare dans la fibre optique circulaire à deux troncatures non parallèles.

Dans le cas du **dopage localisé seulement dans le cœur central**, l'intégrale de recouvrement Γ_P entre la distribution transverse d'intensité de la pompe et la zone active est relativement faible. C'est pourquoi la fibre amplificatrice doit être très longue (longueur L_2) afin d'obtenir une forte absorption globale de la pompe. Au contraire, le signal se recouvre bien avec la zone active (valeur assez élevée de Γ_S), coïncidant avec le cœur monomode, et la longueur optimale (L_1) pour un fonctionnement de type trois niveaux est petite. Il y a donc désaccord entre les valeurs des longueurs L_1 et L_2 (L_1 trop petite devant L_2, voir la figure 60).

Il faut donc trouver un moyen de réduire L_2 (en augmentant Γ_P) et/ou d'accroître L_1 (en limitant Γ_S). Une première solution consiste à **répartir les ions actifs sur un disque centré plus large que le cœur monomode**. Cette solution entraîne une augmentation simultanée (mais différente) des intégrales de recouvrement Γ_S et Γ_P. Une seconde solution, a priori meilleure, est d'utiliser une **distribution du dopant terre rare en forme d'anneau** situé autour du cœur central monomode. On peut ainsi diminuer sensiblement la valeur de Γ_S tout en conservant une surface dopée suffisante pour obtenir une bonne valeur de Γ_P. Ces deux types de répartition transverse des ions actifs, en disque et en anneau, sont étudiés dans la suite.

Pour chacune de ces distributions, les dimensions de la zone dopée à l'erbium ont été optimisées selon le critère suivant : obtenir un gain minimum de 30 dB sur la plus grande plage spectrale possible, avec une puissance de pompe injectée de 3 W. Le choix de ce critère réaliste s'inscrit dans le cadre d'une application du type multiplexage dense en longueur d'onde. On a donc abouti à la définition de deux fibres optimales : l'une dopée sur un anneau et l'autre dopée sur un disque. Parmi celles-ci, c'est la fibre dopée en anneau qui fournit les meilleurs résultats répondant au critère ci-dessus. C'est la raison pour laquelle l'étude qui va suivre porte sur cette fibre dopée en anneau optimale (figure 61a), ainsi que sur une fibre dopée sur un disque de même surface que l'anneau (figure 61b). Pour ces deux fibres, on a $\mathbf{\Gamma_P \approx 8{,}5 \cdot 10^{-3}}$.

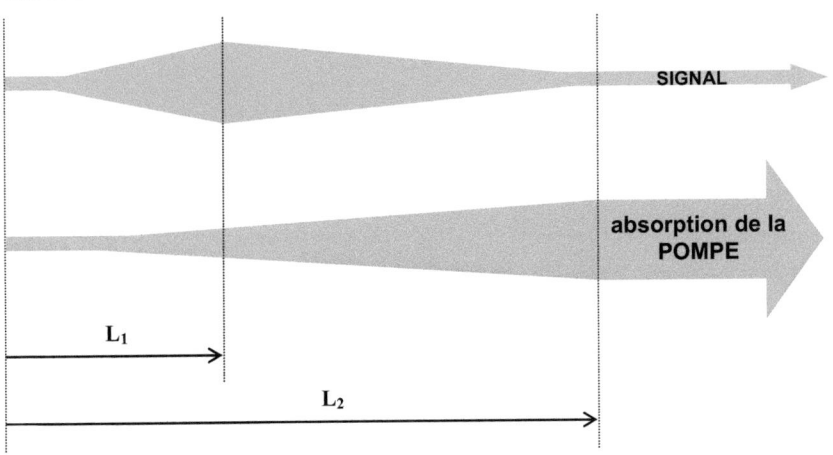

Figure 60 : Représentation schématique de l'évolution de la puissance du signal et de l'absorption de la pompe dans un amplificateur à trois niveaux. Le gain atteint sa valeur maximale très vite (pour une longueur de fibre L_1), alors que seule une faible fraction de la puissance de pompe injectée n'a pu être absorbée.

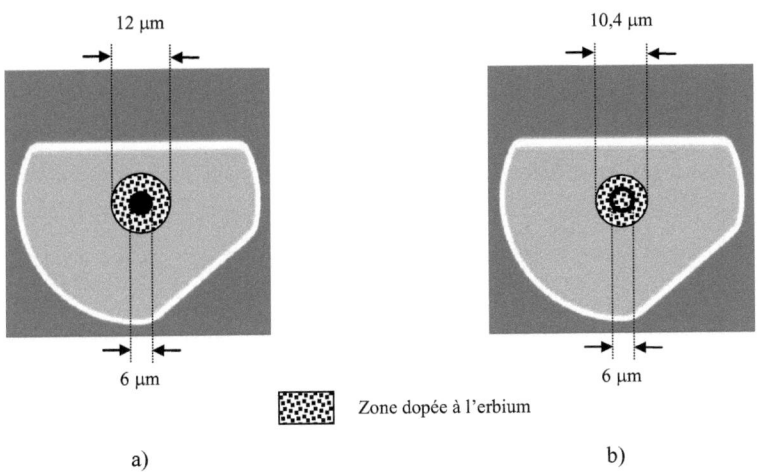

Figure 61 : Distribution transverse du dopage terre rare dans la fibre optique à double gaine circulaire à deux troncatures non parallèles
  a) Sur un anneau situé autour du cœur central monomode
  b) Sur un disque plus large que le cœur central monomode
La surface de la zone dopée à l'erbium est la même dans les deux cas.

III.2 Dopage en anneau [81-85]

Dans la fibre optique à double gaine à dopage en anneau optimale, l'anneau est placé contre le cœur central monomode (de rayon 3 µm) et s'étend jusqu'à un rayon de 6 µm (figure 61a), engendrant $\Gamma_S \approx 0,3$ à 1,55 µm. Comme pour la fibre étudiée dans le paragraphe précédent, nous avons calculé et représenté figure 62 l'évolution du gain par canal en fonction de la puissance de pompe injectée et de la longueur de l'amplificateur.

La figure 62a montre que le pic à 1530 nm est classiquement accentué lorsque la fibre, de longueur fixée (5 m), est mieux pompée : le gain à 1530 nm passe d'environ 5 dB avec $P_p^{in} = 1,5$ W à 23 dB avec $P_p^{in} = 4$ W.

Un comportement plus intéressant apparaît sur la figure 62b : pour une valeur donnée de puissance de pompe injectée (3 W), lorsque la longueur de la fibre augmente, les deux pics à la fois (1530 et 1560 nm) sont accentués : les gains à 1530 et 1560 nm valent respectivement 28 et 23 dB pour une longueur de fibre de 8 m, contre 34 et 32 dB pour une longueur de 14 m. En d'autres termes, la chute du gain à 1530 nm observée dans les amplificateurs à fibre dopée dans le cœur central est considérablement repoussée. L'explication réside dans le fait que le dopage en anneau permet de réduire l'intégrale de recouvrement Γ_S entre la distribution d'intensité du signal et la zone active, sans pour autant faire diminuer la valeur de Γ_P. Le signal est ainsi amplifié sur une plus grande longueur de fibre, ce qui lui permet d'exploiter plus efficacement la plus grande part de puissance de pompe absorbée dans la fibre.

En conclusion, les courbes de gain par canal peuvent être plus plates que celles obtenues lors du dopage terre rare dans le cœur central monomode. Par exemple, avec une longueur de fibre de 16 m et une puissance de pompe injectée de 3 W, on obtient un gain minimum de quasiment 30 dB sur une plage spectrale de 35 nm (de 1530 à 1565 nm) avec une platitude de ± 2 dB.

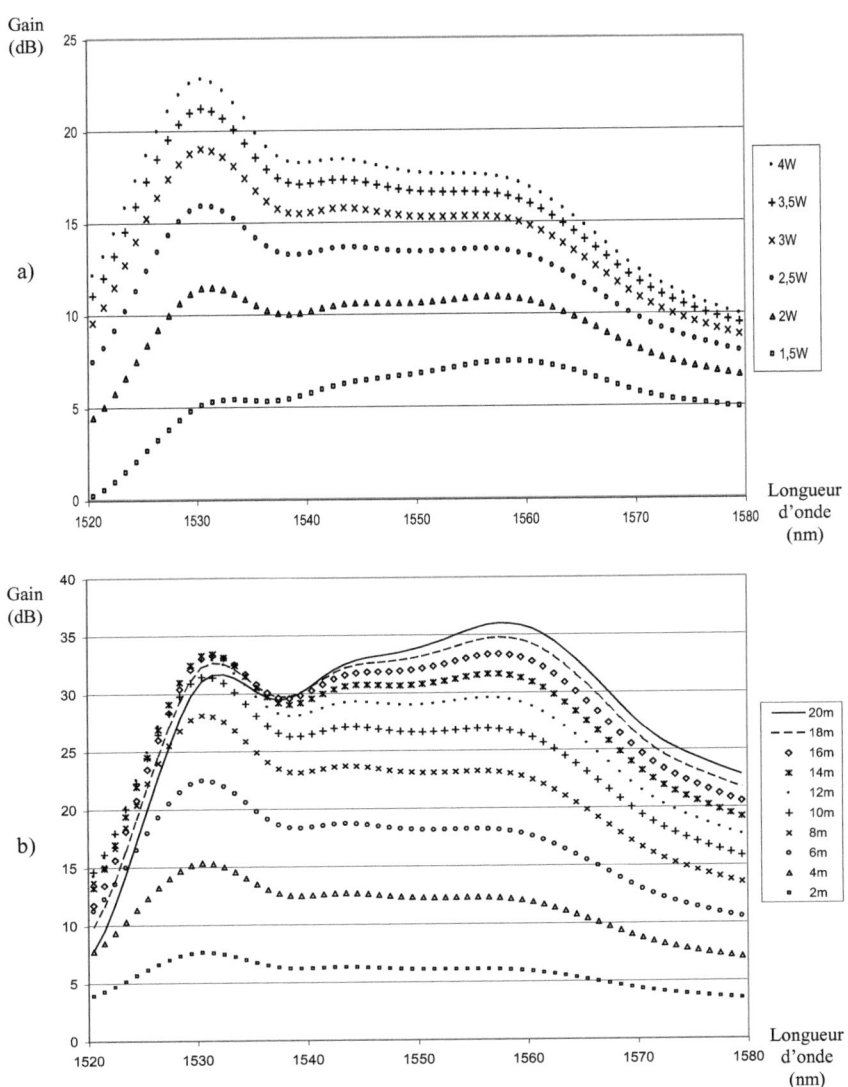

Figure 62 : Evolution du gain par canal (en fonction de la longueur d'onde) pour un amplificateur à fibre à double gaine chaotique dopée à l'erbium sur un anneau (Cf. figure 61a) ; puissance du signal d'entrée : −10 dBm également répartie sur 60 canaux
a) Longueur de la fibre = 5 m, courbes paramétrées par la puissance de pompe injectée
b) Puissance de pompe injectée = 3 W, courbes paramétrées par la longueur de la fibre

III.3 Dopage sur un disque plus large que le cœur

Nous nous intéressons maintenant à la fibre optique à double gaine dont la zone dopée à l'erbium est un disque de même surface que l'anneau de la fibre précédente. Compte tenu de cette condition, le rayon du disque s'élève à 5,2 µm (figure 61b). Il en résulte $\Gamma_S \approx 0,9$ à la longueur d'onde 1,55 µm. Les deux réseaux de courbes (figure 63) ont été obtenus dans les mêmes conditions que précédemment.

On constate que le comportement est comparable à celui de la fibre dopée dans le cœur monomode, avec une forte déformation de la courbe de gain[1] lorsque la puissance de pompe injectée diminue ou lorsque la longueur de l'amplificateur est accrue. Par exemple, avec une fibre de 16 m de longueur, pour une puissance de pompe injectée de 3 W, le gain atteint environ 38 dB autour de 1560 nm, alors qu'aucun gain ne peut être obtenu à 1530 nm (figure 63b). Cette déformation de la courbe de gain, très prononcée ici, est due à la valeur très élevée de Γ_S engendrée par le dopage en disque. En effet, celle-ci entraîne une forte amplification du signal en début de fibre, dont résulte rapidement une inversion de population insuffisante pour continuer d'amplifier le signal, qui est alors réabsorbé autour de 1530 nm.

La valeur élevée de l'intégrale de recouvrement Γ_S permet cependant d'obtenir de meilleures performances sur de petites longueurs d'amplificateur : pour une fibre de 5 m de longueur, les valeurs de gain dans le cas du dopage en disque (par exemple 30 dB à 1530 nm avec $P_P^{in} = 3,5$ W, Cf. figure 63a) sont sensiblement plus fortes que dans le cas du dopage en anneau (21 dB à 1530 nm avec $P_P^{in} = 3,5$ W, Cf. figure 62a). Cette configuration peut donc être retenue pour des applications aux lasers « 4 niveaux » nécessitant de faibles longueurs de cavité.

---

[1] C'est-à-dire chute de la valeur du gain à 1530 nm et augmentation à 1560 nm par passage d'un fonctionnement de type trois niveaux à un fonctionnement de type quasi quatre niveaux.

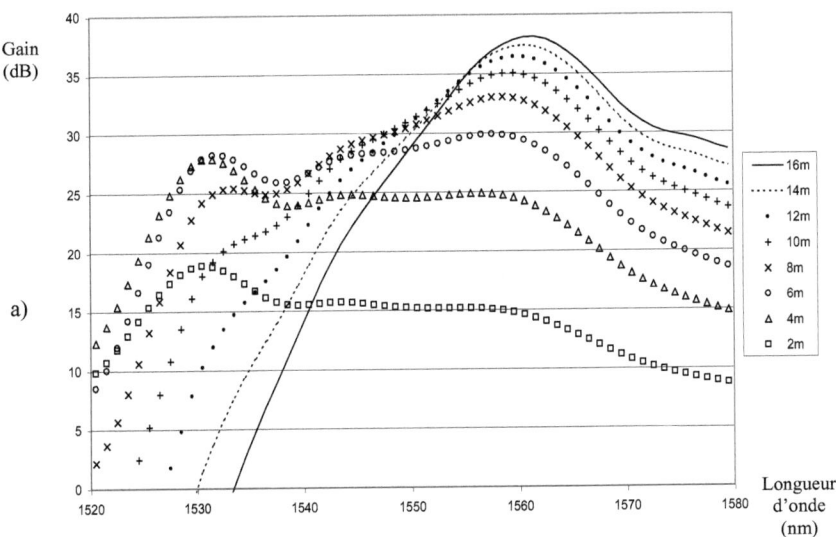

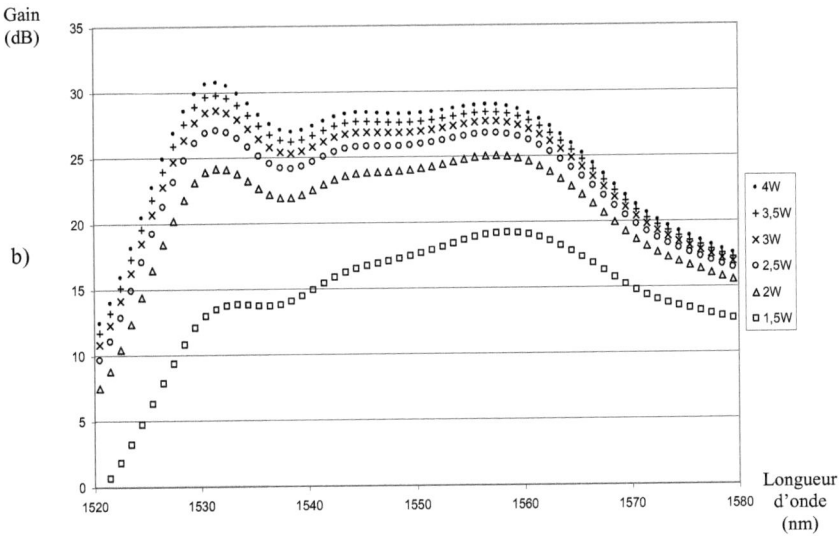

Figure 63 : Evolution du gain par canal (en fonction de la longueur d'onde) pour un amplificateur à fibre à double gaine chaotique dopée à l'erbium sur un disque (Cf. figure 61b) ; puissance du signal d'entrée : −10 dBm également répartie sur 60 canaux

a) Longueur de la fibre = 5 m, courbes paramétrées par la puissance de pompe injectée

b) Puissance de pompe injectée = 3 W, courbes paramétrées par la longueur de la fibre

III.4 Comparaison des trois distributions du dopant terre rare

III.4.1 Comparaison des courbes de gain

Pour chacune des trois distributions transverses du dopant terre rare étudiées précédemment, on a extrait du réseau de courbes paramétré par la longueur de la fibre (figures 59b, 62b et 63b) la courbe présentant la plus forte valeur de gain avec une platitude tolérée de ± 1 dB entre les pics à 1530 et 1560 nm. Les trois courbes de gain choisies selon ce critère, correspondant à trois fibres F1, F2 et F3, apparaissent sur la figure 64a. Les longueurs d'amplificateur optimales correspondantes sont respectivement de 6 m pour la fibre dopée dans le cœur (F1), 12 m pour la fibre dopée sur un anneau (F2) et 4 m pour celle dopée sur un disque (F3). Remarquons que les fibres « en anneau et en disque » sont dopées sur une surface identique, alors que la zone active est bien plus petite pour la fibre dopée dans le cœur.

Dans le cas de la fibre dopée sur un disque plus large que le cœur central monomode, le gain vaut environ 24 dB dans la zone plate (1540-1560 nm), soit environ 1,5 dB de plus que pour un dopage classique. La fibre dopée sur un anneau est plus performante avec un gain d'environ 29 dB dans cette zone. On remarque par ailleurs que la courbe de gain obtenue dans le cas du dopage en anneau est supérieure à 25 dB sur plus de 40 nm. C'est donc bien cette distribution transverse en forme d'anneau qui est la mieux adaptée à une application de type multiplexage en longueur d'onde, pour laquelle on cherche à obtenir de fortes valeurs de gain sur de larges plages spectrales.

III.4.2 Comparaison des valeurs de facteur de bruit

Pour les trois fibres F1, F2 et F3, nous avons calculé et représenté figure 64b l'évolution du facteur de bruit en fonction de la longueur d'onde. Alors que les valeurs de facteur de bruit sont comparables pour les amplificateurs à fibres utilisant un dopage dans le cœur et sur un disque, celles présentées pour la fibre dopée en anneau sont inférieures d'environ 0,5 dB sur toute la plage de longueur d'onde étudiée. Le dopage en anneau permet donc, grâce à une meilleure gestion de l'inversion de population (plus de pompe absorbée, signal amplifié moins violemment), de réduire le bruit ajouté par l'amplificateur. Pour les applications aux télécommunications, ce second point est également un atout qui justifie pleinement le choix du dopage en anneau.

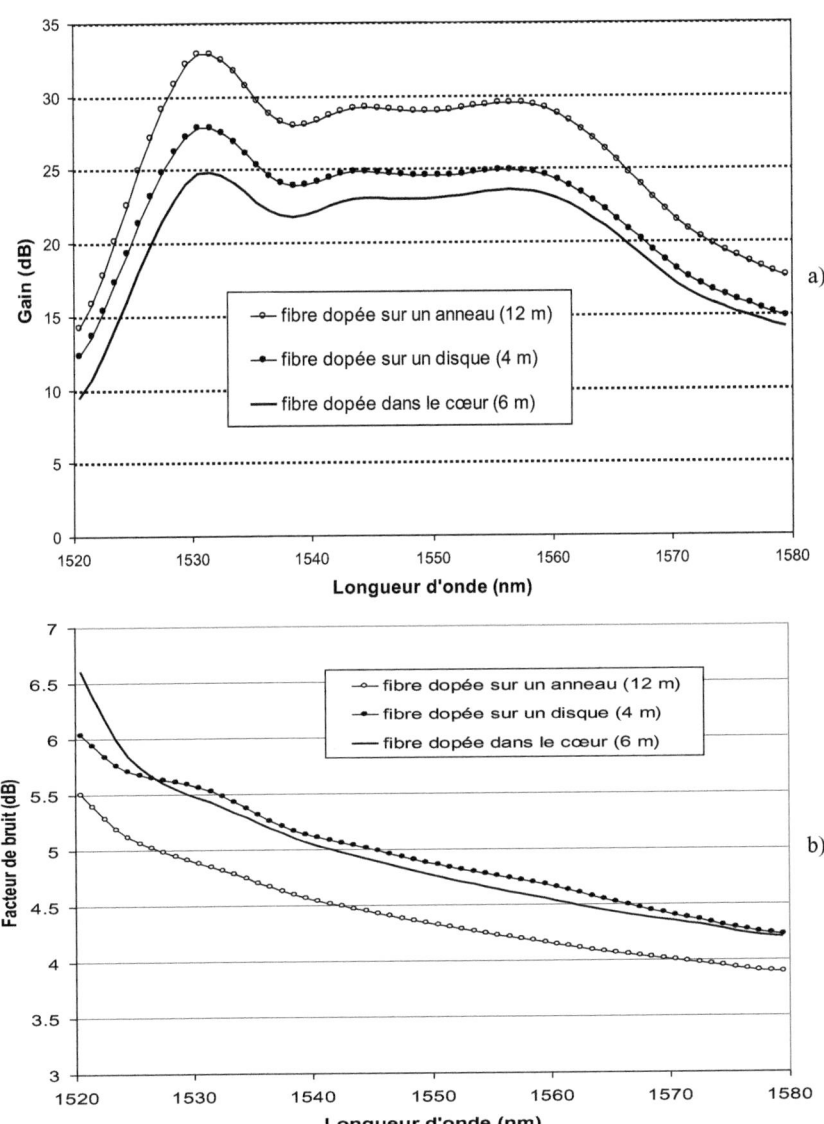

Figure 64 : Evolution en fonction de la longueur d'onde du gain (a) et du facteur de bruit (b) pour trois fibres optimisées en longueur avec différentes distributions transverses du dopant terre rare ; puissance de pompe injectée = 3 W ; puissance du signal d'entrée : −10 dBm également répartie sur 60 canaux

IV Conclusion

Dans ce chapitre, l'étude théorique nous a permis d'aboutir à la définition d'un profil opto-géométrique améliorant les performances des fibres optiques à double gaine. D'une part, la géométrie circulaire à deux troncatures non parallèles qui, en engendrant une dynamique chaotique, augmente l'absorption globale de la puissance de pompe sur une grande longueur de propagation (voir chapitre III), fournit un gain potentiel sensiblement meilleur que les fibres à géométrie conventionnelle, tout autre paramètre opto-géométrique étant égal par ailleurs : dans les conditions d'étude considérées, le gain atteint 22 dB à $\lambda = 1530$ nm avec la fibre circulaire à deux troncatures non parallèles, et ne dépasse pas 6 dB avec les fibres circulaire ou rectangulaire.

Pour obtenir ces performances, la longueur de l'amplificateur fournissant le plus fort gain est alors beaucoup plus grande avec cette fibre chaotique (environ 12 m dans le cas étudié) que dans les autres fibres modélisées (moins de 2 m).

D'autre part, en ne considérant plus que la fibre de géométrie de gaine interne optimale, la répartition transverse du dopant terre rare a été étudiée en fonction de l'application recherchée. Nous avons concentré notre attention sur le cas d'un amplificateur large bande (1530-1560 nm) utilisé dans un système de communication à multiplexage en longueur d'onde Trois distributions de dopants ont été prises en considération : un dopage exclusif du cœur monomode, un dopage sur un disque plus large que ce cœur, et un dopage en anneau autour du cœur. Nous avons pu montrer que la distribution en anneau de la zone dopée améliore le niveau de gain accessible, tout en respectant une platitude acceptable au-delà du pic à 1530 nm : dans un amplificateur long (12 m) à fibre circulaire à deux troncatures non parallèles de caractéristiques opto-géométriques réalistes, nous avons obtenu un gain d'environ 29 dB ± 1 dB sur 27 nm, avec seulement 3 W de pompe. Les autres distributions de dopant, associées à des longueurs optimales de fibre moindres, ne permettent pas de dépasser 25 dB ± 1 dB de gain sur la bande considérée. La distribution de dopant en anneau est aussi celle pour laquelle le facteur de bruit est le plus faible (inférieur d'au moins 0,5 dB aux autres cas, sur toute la bande).

Notons que l'optimisation des amplificateurs à fibres à double gaine en fonction de la géométrie de la gaine interne (permettant d'améliorer l'absorption de la pompe) et de la distribution du dopant terre rare (permettant notamment d'obtenir du gain sur une large bande) reste bien sûr valable dans le cas du dopage par des ions de terres rares autres que l'erbium.

Chapitre V

CHAPITRE V

Etude expérimentale de l'absorption de la pompe dans les fibres optiques à double gaine

Ce dernier chapitre est consacré à une **étude expérimentale de l'absorption de la pompe dans les fibres optiques à double gaine**. Nous présentons tout d'abord les différentes fibres étudiées : diverses géométries de gaine interne et divers types d'ions dopants sont considérés. Puis nous donnons quelques figures de champ proche observées pour ces fibres. Enfin, nous exposons nos mesures d'atténuation de la puissance de pompe, réalisées par une technique dérivée de la méthode du « cut-back ».

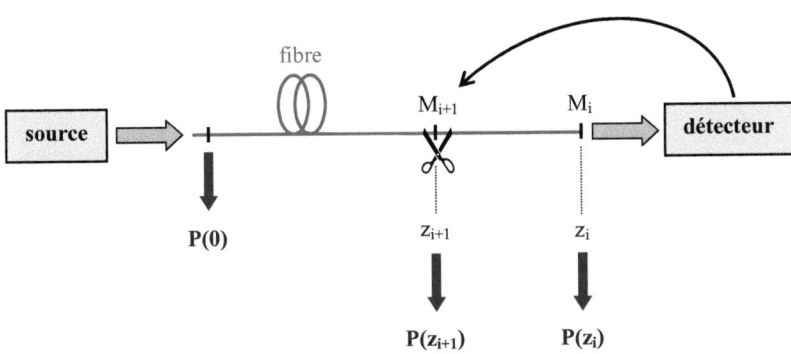

I Introduction

Comme nous l'avons vu dans l'étude théorique, l'absorption de l'onde de pompe joue un rôle essentiel dans les performances (gain et facteur de bruit) d'un amplificateur à fibre optique à double gaine, et dépend notamment de la géométrie de la section transverse de la gaine interne. D'un point de vue expérimental, H. Po *et al.* s'intéressent dès 1989 à l'influence de cette géométrie sur l'absorption de la pompe, et rapportent la fabrication d'une fibre à double gaine de forme rectangulaire [20]. Durant la décennie qui suit, parmi les nombreuses publications faisant état de réalisations d'amplificateurs ou de lasers utilisant des fibres optiques à double gaine, beaucoup mentionnent l'emploi de formes non circulaires de gaine interne dans le but d'améliorer l'absorption de la pompe [73,78,79,84,86-91]. Cependant, ces travaux ne proposent pas d'étude expérimentale de l'évolution longitudinale de cette absorption, et souvent, seule la valeur moyenne (sur la longueur de fibre considérée) de l'atténuation linéique α_{gaine} est donnée, typiquement de 1 à 3 dB/m [78,88,91]. Or, c'est bien par l'observation de l'allure de la courbe $\alpha_{gaine} = f(z)$ que le choix d'une géométrie particulière de gaine interne peut être justifié. C'est pourquoi nous nous proposons dans la suite de mesurer l'évolution longitudinale de l'absorption de la pompe dans des fibres optiques à double gaine de différentes formes, ce type d'étude comparative n'ayant jamais été réalisé, à notre connaissance, auparavant.

L'étude consiste à déterminer la capacité intrinsèque de ces différentes fibres à absorber l'énergie de pompe multimode, indépendamment des effets actifs dus aux ions de terres rares. En d'autres termes, ce que nous cherchons à mettre en évidence, c'est l'influence de la population modale de la gaine interne sur l'absorption de la pompe (voir le chapitre III). Il faut donc travailler avec une inversion de population faible, afin que le niveau fondamental, à partir duquel l'énergie de pompe est absorbée, soit fortement peuplé. En effet, dans le cas contraire (forte inversion de population), l'absorption est limitée par la faible densité d'ions présents sur le niveau fondamental, et l'on ne peut plus considérer le cœur central monomode comme une zone d'absorption constante suivant z. Au regard de ces considérations, nous effectuerons nos mesures avec de faibles puissances de pompe injectées.

Une autre solution pour s'affranchir de l'influence de l'inversion de population est d'utiliser des fibres optiques à double gaine dont le cœur central est absorbant mais non optiquement actif (ou très peu). C'est le cas si ce cœur est dopé avec des ions chrome, qui permettent d'atteindre de fortes valeurs d'absorption linéique sur de grandes plages spectrales [92].

Nous présentons ci-après les différentes fibres optiques à double gaine étudiées expérimentalement, dont les dopants sont respectivement les ions chrome, les ions erbium et ytterbium réunis, et enfin les ions néodyme.

II Fibres optiques à double gaine de formes diverses étudiées

II.1 Fibres dopées au chrome réalisées pour notre étude

Une préforme à cœur dopé au chrome a été réalisée dans le centre de fabrication de préformes du LPMC (Laboratoire de Physique de la Matière Condensée) de Nice (figure 65). Cette préforme circulaire a ensuite été usinée à l'aide d'une rectifieuse à disque diamanté afin d'obtenir les géométries circulaires à deux troncatures parallèles et à deux troncatures non parallèles. Enfin, elle a été étirée sur la tour de fibrage de l'IRCOM et enduite d'une résine silicone à bas indice de réfraction.

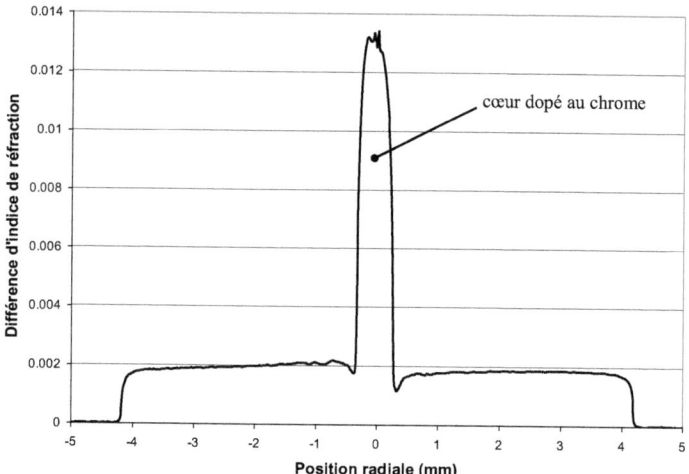

Figure 65 : Profil d'indice de la préforme à cœur dopé au chrome fabriquée par le LPMC, mesuré avant la réalisation des troncatures

Les fibres réalisées à partir de cette préforme (appelées respectivement $FDG_{Cr,1}$ et $FDG_{Cr,2}$) apparaissent sur les photos prises au microscope de la figure 66 ; on peut observer pour chacune d'elles la géométrie de la section transverse de la gaine interne. Les dimensions du cœur et de la gaine interne sont données sur les schémas de la figure 67. Enfin, sur le profil d'indice de ces fibres (figure 68), on constate une différence d'indice d'environ 6.10^{-3} entre le cœur central et la gaine interne.

L'expérience et l'analyse des techniques de mesure employées montrent que cette valeur, sensiblement plus faible que celle relevée sur le profil d'indice de la préforme ($\approx 1,1.10^{-2}$), est celle qui doit être retenue. Elle correspond à une ouverture numérique de **0,13** pour le cœur. La gaine interne possède quant à elle une ouverture numérique de **0,37**.

Nous n'avons pas eu la possibilité de réaliser une fibre circulaire à partir de la préforme de la figure 65. Nous avons donc étudié une fibre circulaire dopée au chrome (appelée $FDG_{Cr,3}$) provenant d'une autre préforme. Pour cette fibre, les diamètres du cœur central et de la gaine interne sont respectivement de **6,6** et **125 µm**, pour des ouvertures numériques respectives de **0,1** et **0,37**.

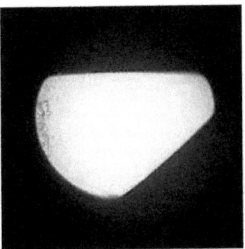 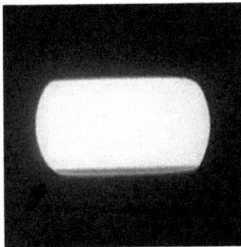

Figure 66 : Fibres optiques à double gaine dopées au chrome réalisées à l'IRCOM (appelées respectivement $FDG_{Cr,1}$ et $FDG_{Cr,2}$)

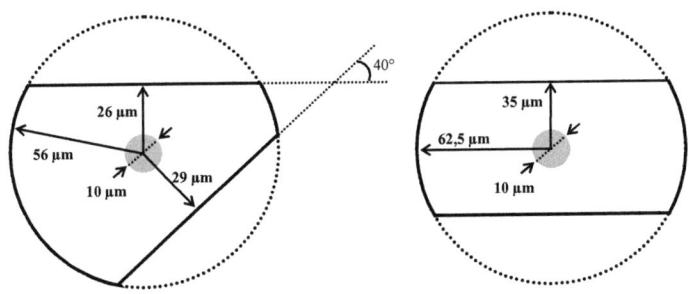

Figure 67 : Représentation schématique de la section transverse des fibres $FDG_{Cr,1}$ et $FDG_{Cr,2}$

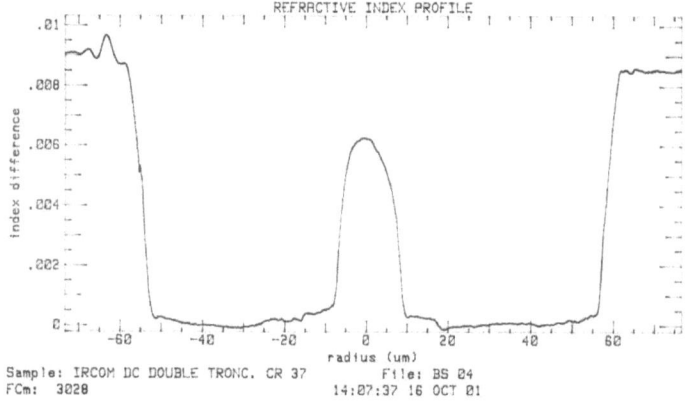

Figure 68 : Profil d'indice des fibres FDG$_{Cr,1}$ et FDG$_{Cr,2}$
(mesuré sur un diamètre entier, c'est-à-dire sans troncature)

II.2 Fibres codopées erbium/ytterbium et dopées au néodyme

Nous disposons par ailleurs de deux fibres optiques dopées conjointement aux ions erbium et ytterbium. L'une, appelée FDG$_{Er/Yb,1}$, se caractérise par une gaine interne qui a la forme d'un « stade » (figure 69a). Comme la fibre FDG$_{Cr,2}$, elle provient d'une préforme circulaire à deux troncatures parallèles, mais les angles ont été plus fortement arrondis dans son cas lors de l'étirage. L'autre fibre codopée erbium/ytterbium, appelée FDG$_{Er/Yb,2}$, est de forme circulaire.

L'étude portera en outre sur deux fibres optiques dopées au néodyme. Pour la première (FDG$_{Nd,1}$), la gaine interne est de forme circulaire à deux troncatures non parallèles (figure 69b). La seconde (FDG$_{Nd,2}$) est simplement de forme circulaire.

Tous les paramètres opto-géométriques de ces différentes fibres, ainsi que ceux des fibres dopées au chrome, sont regroupés dans le tableau 6 du paragraphe suivant.

CHAPITRE V ETUDE EXPERIMENTALE DE L'ABSORPTION DE LA POMPE...

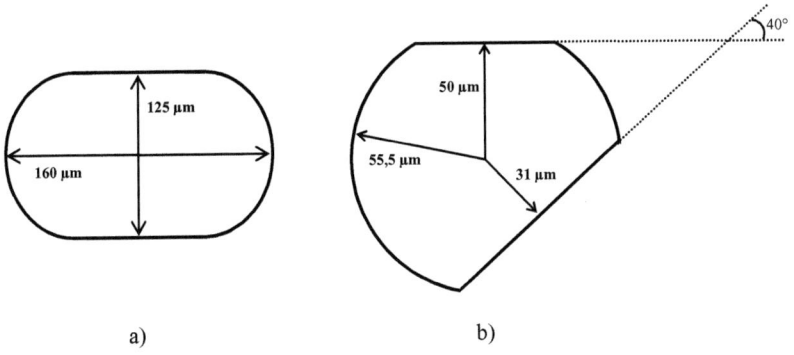

a)   b)

Figure 69 : Représentation schématique de la section transverse de la gaine interne des fibres $FDG_{Er/Yb,1}$ (a) et $FDG_{Nd,1}$ (b)

II.3 Tableau récapitulatif

Nom	Forme	Diamètre du cœur (µm)	Diamètre de la gaine interne (µm)	ON_{coeur}	ON_{gaine}	Nombre de modes de la gaine interne
$FDG_{Cr,1}$	circulaire à 2 troncatures non //	10	112 (voir figure 67)	0,13	0,37	≈12500 (à λ=633 nm)
$FDG_{Cr,2}$	circulaire à 2 troncatures //	10	70×125 (voir figure 67)	0,13	0,37	≈17400 (à λ=633 nm)
$FDG_{Cr,3}$	circulaire	6,6	125	0,1	0,37	≈26300 (à λ=633 nm)
$FDG_{Er/Yb,1}$	« stade »	5	125×160 (voir figure 69a)	0,15	0,4	≈17500 (à λ=972 nm)
$FDG_{Er/Yb,2}$	circulaire	8	26	0,14	0,17	≈100 (à λ=980 nm)
$FDG_{Nd,1}$	circulaire à 2 troncatures non //	7	111 (voir figure 69b)	0,1	0,37	≈10500 (à λ=800 nm)
$FDG_{Nd,2}$	circulaire	4,5	18	0,14	0,11	≈30 (à λ=800 nm)

Tableau 6 : Différentes fibres optiques à double gaine étudiées

Pour chacune des fibres du tableau 6, nous avons calculé le nombre total N de modes électromagnétiques guidés dans la gaine interne à la longueur d'onde λ, à laquelle seront effectuées les mesures d'absorption dans la suite. Dans le cas des fibres circulaires, N est donné par la relation suivante [64] :

$$N \approx \frac{V^2}{2} \tag{29}$$

Dans cette relation, V désigne la fréquence normalisée et s'exprime de la manière suivante :

$$V = \frac{2\pi}{\lambda} a.ON \tag{30}$$

Les paramètres a et ON sont respectivement le rayon et l'ouverture numérique de la gaine interne.

Dans le cas des fibres à géométrie non circulaire, on ne peut plus appliquer la relation (29). Le nombre de modes est dans ce cas évalué en intégrant la densité de modes dans la fibre, calculée à partir de la densité d'états disponibles pour une particule dans un billard de surface S (formule de Weyl). Pour une direction de polarisation donnée, la valeur du nombre total de modes électromagnétiques de la gaine interne à la longueur d'onde λ est donnée par l'expression [93] :

$$N = \frac{S}{4\pi} k_C^2 \tag{31}$$

où S désigne la surface de la section transverse de la gaine interne, et $k_C = \frac{2\pi}{\lambda} ON$.

Cette valeur du nombre de modes doit être multipliée par un facteur 2 afin de prendre en compte deux directions de polarisation orthogonales. On peut alors retrouver la relation (29) dans le cas particulier d'une fibre circulaire.

III Observation de figures d'intensité en champ proche

Nous avons observé la distribution transverse d'intensité du champ multimode se propageant dans la gaine interne de quelques fibres optiques présentées précédemment. Le montage expérimental, très simple, est donné sur la figure 70. Le faisceau lumineux à 633 nm, issu d'un laser HeNe, est focalisé sur la face d'entrée de la fibre au moyen d'un objectif de microscope de grandissement 40. La face de sortie de la fibre est imagée sur un écran au moyen d'un objectif de grandissement 100.

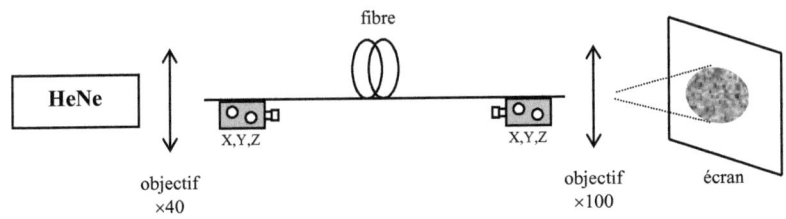

Figure 70 : Montage expérimental d'imagerie en champ proche

III.1 Fibre optique circulaire

Sur la figure 71, on peut voir trois images du champ proche observées pour la fibre optique circulaire dopée au chrome (FDG$_{Cr,3}$). La première image (figure 71a) est obtenue pour une excitation centrée dans le cœur, les deux autres (figure 71b) pour une excitation décalée transversalement, dans la gaine interne. Dans ce dernier cas, les modes périphériques sont préférentiellement excités, et une caustique apparaît très nettement, en accord avec l'étude théorique du chapitre III. On s'attend donc, pour ce type d'excitation, à une faible absorption par le cœur dopé au chrome de l'énergie multimode se propageant dans la gaine interne. Par ailleurs, le champ observé, résultant de la superposition d'anneaux concentriques dus à la symétrie de révolution, se caractérise par la présence de régularités.

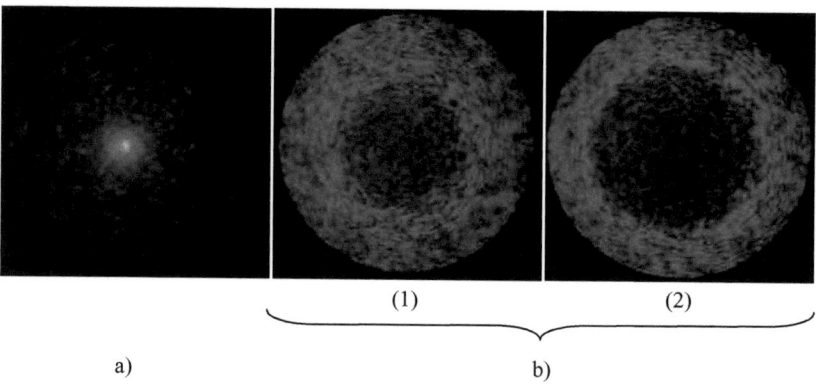

           a)   b)

Figure 71 : Figures d'intensité en champ proche observées pour la fibre circulaire $FDG_{Cr,3}$

a) Excitation centrée dans le cœur

b) Excitation décalée transversalement par rapport à l'axe, dans la gaine interne :
    (1) faible décalage ;   (2) fort décalage

III.2 Fibres optiques tronquées

La figure 72 montre la distribution transverse d'intensité du champ dans les fibres $FDG_{Cr,1}$ et $FDG_{Cr,2}$, dans le cas d'une excitation décalée, dans la gaine interne. L'énergie se répartit uniformément sur toute la surface de la gaine interne, sans faire apparaître de caustique, ni de régularités.

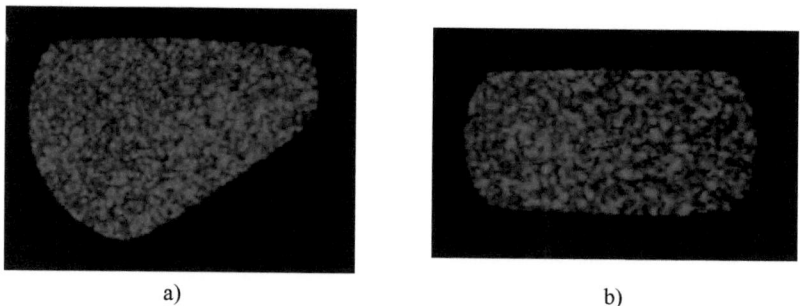

                      a)   b)

Figure 72 : Figures d'intensité en champ proche observées pour les fibres $FDG_{Cr,1}$ (a) et $FDG_{Cr,2}$ (b) dans le cas d'une excitation décalée transversalement, dans la gaine interne

IV Mesure de l'absorption de la pompe

Dans l'étude qui suit, nous mesurons l'évolution longitudinale de la puissance de pompe résiduelle dans les fibres optiques à double gaine décrites précédemment, afin de tracer la courbe d'absorption de la pompe $A_P(z)$ pour chacune de ces fibres.

Une méthode simple permettant de mesurer l'atténuation d'une onde lumineuse tout au long de sa propagation dans une fibre optique consiste à découper des tronçons (de même longueur ou non) en fin de fibre et à noter, après chaque coupure, la valeur de la puissance lumineuse $P(z)$ sortant de la fibre restante de longueur z (figure 73). L'atténuation du tronçon de longueur z est $\alpha(z) = 10.\log\left[\dfrac{P(z)}{P(0)}\right]$. Cette méthode, dérivée de celle dite du « *cut-back* » [94], est celle que nous utiliserons ici. Notons qu'au cours des coupures et mesures successives, l'injection de la lumière dans la fibre doit demeurer parfaitement stable.

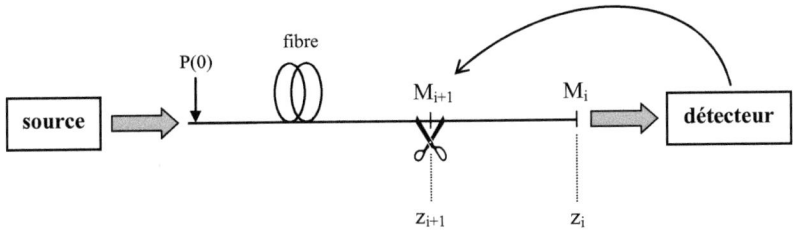

Figure 73 : Mesure de l'atténuation dans une fibre optique par la technique dérivée du « cut-back ». *La fibre est coupée en différents points M_i situés à une distance z_i de l'entrée, et la puissance $P(z_i)$ émergeant en ces points est mesurée avant chaque nouvelle coupure. A la fin, la puissance $P(0)$ injectée est mesurée au bout d'un très court tronçon de fibre. Enfin, on calculera*

$$\alpha(z_i) = 10.\log\left[\dfrac{P(z_i)}{P(0)}\right].$$

IV.1 Fibres optiques dopées au chrome

Nous présentons tout d'abord les résultats obtenus dans le cas des fibres optiques dopées au chrome $FDG_{Cr,1}$ et $FDG_{Cr,2}$. La source lumineuse utilisée est un laser HeNe de longueur d'onde 633 nm, pour laquelle une forte valeur d'absorption est observée dans les deux fibres. Le faisceau issu de ce laser est **focalisé dans la gaine interne** grâce à un objectif de microscope de grandissement 40, qui permet d'exciter un grand nombre de modes de la structure. Les courbes d'atténuation de la puissance guidée dans la gaine interne $A_P(z)$ pour les fibres $FDG_{Cr,1}$ et $FDG_{Cr,2}$ sont données en dB et superposées sur la figure 74.

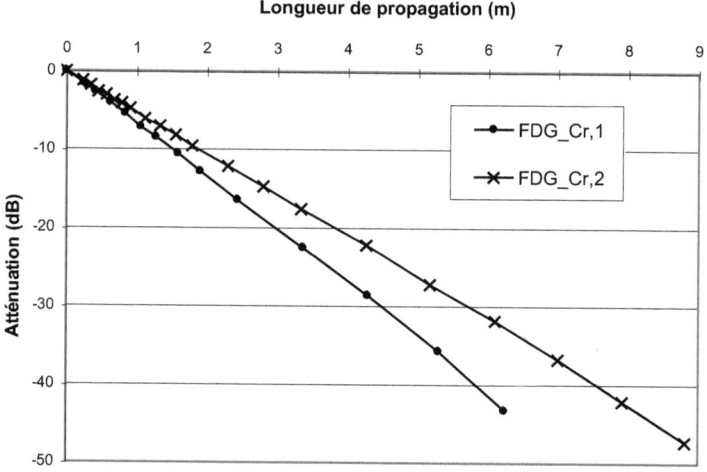

Figure 74 : Evolution longitudinale de l'atténuation de la puissance guidée dans la gaine interne pour les fibres $FDG_{Cr,1}$ et $FDG_{Cr,2}$ (excitation dans la gaine interne)

Aux incertitudes de mesure près, on constate que ces deux courbes évoluent linéairement. Dans le cas de la fibre $FDG_{Cr,2}$, cette évolution régulière de $A_P(z)$ s'explique par le fait qu'aucun phénomène de caustique ne peut apparaître dans une telle structure (circulaire à deux troncatures parallèles), du fait de la dynamique irrégulière des rayons. De cette façon, l'absorption différentielle entre les différents modes de la gaine interne est faible. Pour cette fibre, nous avons mesuré une atténuation linéique constante AL_2 d'environ 5,3 dB/m sur le tronçon de 9 m étudié. La légère courbure prévue par la théorie (voir les figures 50 et 53, paragraphe III.2.2, chapitre III) n'a pas pu être mesurée expérimentalement.

Dans le cas de la fibre $FDG_{Cr,1}$, c'est la dynamique chaotique s'établissant dans cette structure circulaire à deux troncatures non parallèles qui explique le résultat obtenu. L'atténuation linéique AL_1 vaut environ 6,8 dB/m sur les 6 mètres de fibre étudiés.

Afin de comparer quantitativement les valeurs d'absorption obtenues pour les fibres $FDG_{Cr,1}$ et $FDG_{Cr,2}$, il faut nécessairement tenir compte de la différence de surface de gaine interne qui existe entre ces deux fibres : $S_{gaine1} \approx 5900~\mu m^2$ pour la fibre $FDG_{Cr,1}$; $S_{gaine2} \approx 8300~\mu m^2$ pour la fibre $FDG_{Cr,2}$. Cette différence est la conséquence d'un manque de précision, à la fois sur les usinages des préformes et sur la mesure du diamètre de la fibre durant le fibrage. En effet, la forme particulière de ces fibres ne permet pas d'utiliser les systèmes asservis de contrôle du diamètre. Il résulte de ces valeurs numériques des surfaces un rapport S_{gaine2} / S_{gaine1} environ égal à 1,4. Or, une valeur quasiment identique est calculée pour le rapport AL_1 / AL_2 ($\approx 1,3$). Nous pouvons donc en conclure que la valeur d'absorption linéique mesurée dans le cas de la fibre chaotique $FDG_{Cr,1}$, plus forte que pour la fibre $FDG_{Cr,2}$, est essentiellement due à l'utilisation d'une gaine interne de surface moindre.

En conclusion, cette étude expérimentale ne montre pas la supériorité, en termes d'absorption de la pompe, de la fibre chaotique $FDG_{Cr,1}$ sur la fibre $FDG_{Cr,2}$. Cependant, pour la fibre circulaire à deux troncatures non parallèles réalisée, l'introduction du méplat dans la direction (M_2) a fait disparaître l'orbite périodique à deux rebonds favorisant le développement de la dynamique chaotique[1] (figure 75). On peut penser que les performances de cette fibre seraient accrues par la présence d'une troncature plus éloignée du point A.

Par ailleurs, théoriquement, la dynamique des rayons se développant dans une structure circulaire à deux troncatures parallèles est irrégulière, mais non chaotique. Néanmoins, il est possible que les imperfections du profil d'indice de la fibre $FDG_{Cr,2}$

---

[1] Voir le paragraphe III.2.2 du chapitre III.

aient suffi à la rendre chaotique, du fait de la grande sensibilité de la dynamique des rayons à la géométrie du billard associé, et par conséquent lui aient permis d'atteindre des performances comparables à celles de la fibre $FDG_{Cr,1}$.

En ce qui concerne la fibre optique circulaire $FDG_{Cr,3}$, celle-ci ne présentait pas une absorption suffisamment importante pour donner lieu à des mesures significatives. Par conséquent, nous ne pouvons pas en exposer les performances.

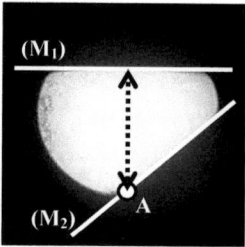

Figure 75 : Disparition de l'orbite périodique, favorisant le développement de la dynamique chaotique, par l'introduction d'un méplat dans la fibre $FDG_{Cr,1}$

IV.2 Fibres optiques codopées erbium/ytterbium

Dans ce paragraphe, nous nous intéressons en premier lieu à la fibre $FDG_{Er/Yb,1}$, dont la section transverse de la gaine interne a la forme d'un « stade ». L'excitation est réalisée par une diode laser transversalement multimode délivrant 880 mW à la longueur d'onde de pompe de 972 nm. Nous avons pris soin de vérifier que cette puissance de pompe engendrait très peu de fluorescence, témoignant d'une faible inversion de population. La courbe $A_P(z)$ obtenue apparaît sur la figure 76. Là encore, aux erreurs de mesure près, cette courbe est linéaire. Ce comportement se justifie par le fait que le billard en forme de « stade » constitue une structure chaotique [68]. Une atténuation linéique de l'ordre de 4,2 dB/m est mesurée.

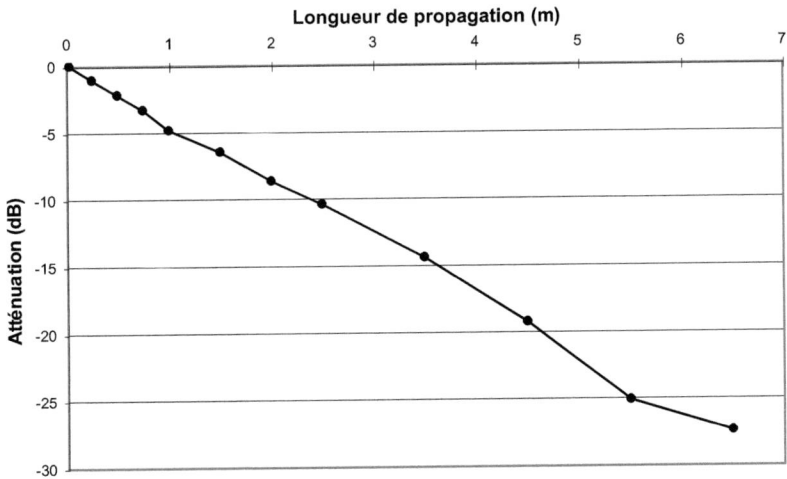

Figure 76 : Evolution longitudinale de l'atténuation de la puissance de pompe dans la fibre $FDG_{Er/Yb,1}$

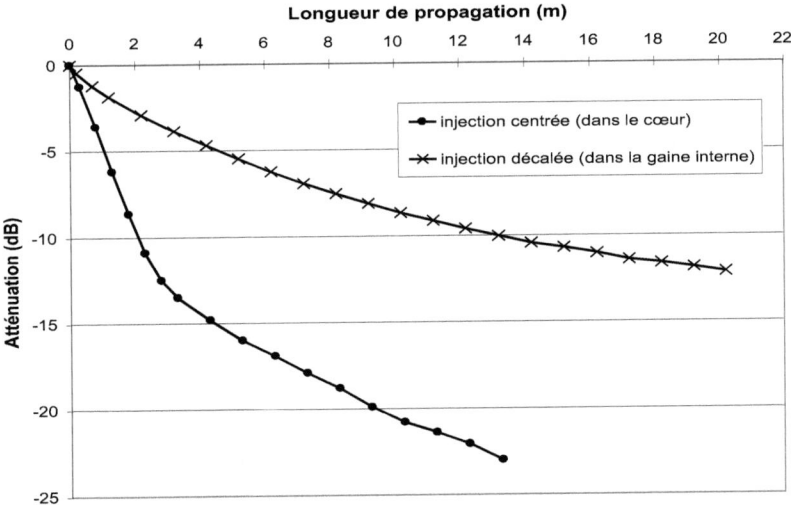

Figure 77 : Evolution longitudinale de l'atténuation de la puissance de pompe dans la fibre $FDG_{Er/Yb,2}$ pour deux types d'excitation différents

Dans le cas de la fibre circulaire $FDG_{Er/Yb,2}$, la source lumineuse de pompage est une diode laser fibrée sur fibre optique monomode fonctionnant à 980 nm. Nous travaillons avec une puissance en sortie de fibre d'une valeur de 4 mW (très faible inversion de population). Afin d'injecter cette énergie de pompe dans la fibre $FDG_{Er/Yb,2}$ étudiée, une soudure est réalisée avec la fibre monomode. Deux cas de figure sont considérés quant au décalage transverse entre les deux fibres soudées : soit celles-ci sont parfaitement alignées l'une par rapport à l'autre (injection centrée, dans le cœur), soit elles sont désalignées (injection dans la gaine interne). Nous donnons figure 77 les courbes d'absorption mesurées pour chacune de ces injections.

On constate que ces deux courbes ne sont pas linéaires, mais présentent une décroissance de la pente avec z. En début de fibre et jusqu'à environ 5 m de propagation, l'atténuation linéique de la puissance de pompe est nettement plus importante pour l'injection centrée dans le cœur ($\approx 4,2$ dB/m en z = 2 m) que pour l'injection dans la gaine interne (≈ 1 dB/m en z = 2 m). En effet, dans le cas de l'injection centrée (cas n° 1), on excite préférentiellement des modes d'ordre très bas (dont notamment le mode fondamental, puisque le faisceau incident provenant de la fibre monomode a une taille qui lui est adaptée), dont l'intégrale de recouvrement avec la zone codopée erbium/ytterbium est non nulle, et qui sont par conséquent efficacement absorbés. Au contraire, dans le cas de l'injection décalée (cas n° 2), une grande part de l'énergie d'excitation est transmise à des modes dont le recouvrement est quasi nul avec la zone active (notamment les modes $LP_{m,1}$) et qui se propagent sans être sensiblement absorbés.

Cependant, sur une longue distance de propagation, cette différence de comportement due au type d'injection utilisé disparaît progressivement, puisque dans les deux cas, seuls demeurent des modes très faiblement absorbés, et l'atténuation linéique tend vers une valeur nulle. Ainsi, les valeurs de pente relevées en z = 13 m sont respectivement de 0,7 dB/m dans le cas n° 1 et de 0,4 dB/m dans le cas n° 2. Finalement, l'atténuation globale atteinte au bout de 13 m de propagation vaut environ 23 dB dans le cas n° 1 et 10 dB dans le cas n° 2.

Notons que la fibre $FDG_{Er/Yb,2}$ se caractérise par une gaine interne de petite dimension (26 µm de diamètre) et de faible ouverture numérique (0,17), dans laquelle 100 modes peuvent être guidés. Le comportement décrit ci-dessus, à savoir la diminution de la pente de la courbe $A_P(z)$ avec z, serait exacerbé par l'utilisation d'une gaine interne de plus grande surface et de plus forte ouverture numérique. En effet, le nombre de modes guidés serait plus important dans une telle structure, et d'une manière générale, le recouvrement de ces modes avec la zone active serait plus faible.

IV.3 Fibres optiques dopées au néodyme

Les résultats présentés dans ce paragraphe concernent les fibres $FDG_{Nd,1}$ et $FDG_{Nd,2}$. L'énergie de pompe provient d'un laser titane-saphir émettant 300 mW à la longueur d'onde de 800 nm, correspondant à un pic de forte absorption du néodyme. Nous travaillons là encore en régime de faible inversion de population. Le faisceau est focalisé sur la face d'entrée de la fibre au moyen d'un objectif de grandissement 40, garantissant l'excitation d'un grand nombre de modes de la gaine interne. Comme précédemment, deux types d'injection sont considérés : dans le cœur (cas n° 1) et dans la gaine interne (cas n° 2), pour chacune des fibres $FDG_{Nd,1}$ et $FDG_{Nd,2}$.

Pour la fibre $FDG_{Nd,1}$, circulaire à deux troncatures non parallèles, les deux courbes $A_P(z)$, obtenues dans les cas n° 1 et n° 2, sont données sur la figure 78. On peut considérer, aux erreurs de mesure près, que ces courbes sont linéaires et superposables. Ceci s'explique par le fait que les modes ergodiques de cette fibre chaotique présentent une distribution transverse d'intensité de type champ diffus, uniformément répartie sur la surface entière de la gaine interne. De cette façon, la population modale excitée dans les cas n° 1 et n° 2 est sensiblement la même, l'ouverture numérique du faisceau incident étant par ailleurs fixée (objectif ×40). En d'autres termes, cette population modale dépend peu de la position transverse du point d'excitation. De plus, grâce à cette répartition uniforme de l'énergie de pompe dans la gaine interne, tous les modes participent à l'absorption de la pompe, expliquant la variation quasi linéaire observée. Pour les deux courbes superposées, nous mesurons une atténuation linéique moyenne d'environ 0,5 dB/m sur le tronçon de 13 m étudié.

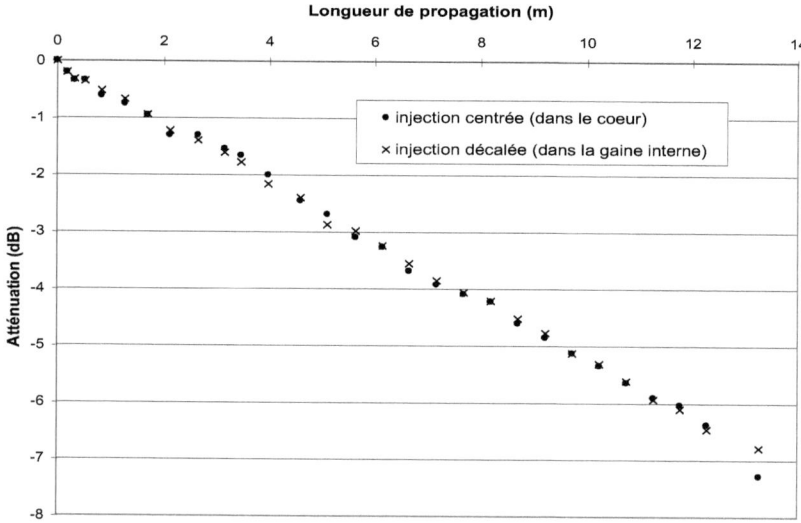

Figure 78 : Evolution longitudinale de l'atténuation de la puissance de pompe dans la fibre $FDG_{Nd,1}$ pour deux types d'excitation différents

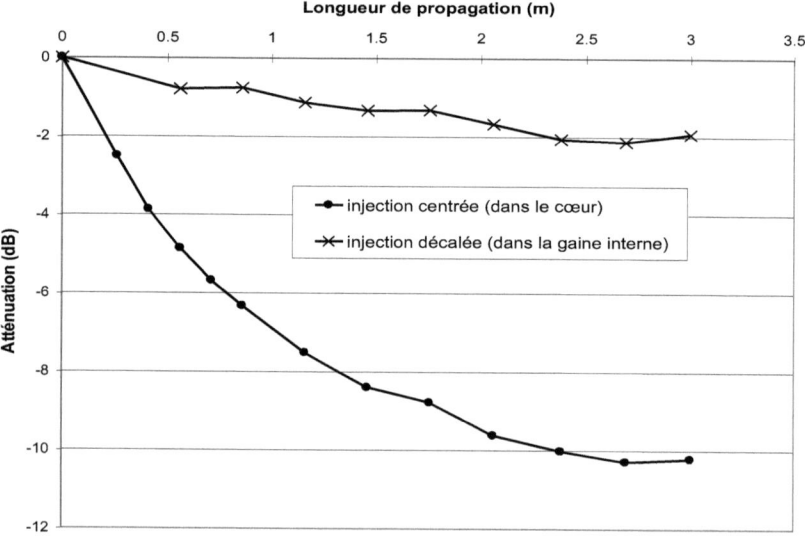

Figure 79 : Evolution longitudinale de l'atténuation de la puissance de pompe dans la fibre $FDG_{Nd,2}$ pour deux types d'excitation différents

Enfin, la figure 79 met en évidence les résultats obtenus dans le cas de la fibre circulaire $FDG_{Nd,2}$, pour une injection de l'énergie de pompe dans le cœur et dans la gaine interne. L'allure des courbes est comparable à celle observée pour la fibre circulaire $FDG_{Er/Yb,2}$ (figure 77) : l'atténuation linéique diminue significativement au cours de la propagation. Dans le cas de l'injection dans le cœur, la pente de la courbe est forte en début de fibre ($\approx$ 6 dB/m en z = 0,5 m) et atteint une valeur quasi nulle en bout du tronçon étudié. Dans le cas de l'injection dans la gaine interne, la pente est assez faible dans le premier mètre de fibre, puis devient quasiment nulle après 2,5 m de propagation.

V   Conclusion

Cette étude expérimentale de l'absorption de la pompe dans les fibres optiques à double gaine nous a permis de valider les résultats numériques présentés dans le chapitre III. D'une part, le phénomène d'absorption différentielle des modes, conduisant à une courbe d'atténuation de la puissance de pompe de pente décroissante, a été clairement mis en évidence dans des fibres optiques à gaine interne circulaire. D'autre part, une évolution longitudinale linéaire de cette atténuation a été observée dans le cas de fibres à gaine interne chaotique. Ces différents résultats ont été obtenus pour diverses fibres optiques à double gaine, de paramètres opto-géométriques différents, dopées aux ions chrome, aux ions erbium et ytterbium réunis, ou encore aux ions néodyme. Il est important de rappeler que, dans le cas des fibres dopées aux ions de terres rares, nous avons pris soin de nous affranchir des effets de la fluorescence en travaillant en régime de faible inversion de population.

Conclusion et perspectives

CONCLUSION ET PERSPECTIVES

Le travail présenté dans ce manuscrit a consisté en la conception et l'optimisation d'amplificateurs optiques de puissance à fibres à double gaine dopées aux terres rares. Il s'est articulé autour d'une étude théorique des phénomènes de propagation et d'amplification, ainsi que d'une étude expérimentale de l'absorption de l'onde de pompe par le cœur dopé.

Tout d'abord, une étude numérique de l'absorption de la pompe a été réalisée par la méthode du faisceau propagé. Elle nous a permis de confirmer nos prédictions, fondées sur la théorie du chaos ondulatoire, quant à la conception d'une géométrie de gaine interne optimale : l'utilisation de la forme **circulaire à deux troncatures non parallèles** engendre une dynamique chaotique des rayons lumineux et par conséquent une atténuation de la puissance de pompe quasi constante au cours de la propagation, du fait d'une faible absorption différentielle entre les modes de la gaine interne. Nous sommes donc parvenus à la détermination d'un profil de fibre à double gaine permettant d'obtenir une efficacité de pompage homogène le long de la fibre.

Par la suite, nous nous sommes attachés à la modélisation des amplificateurs à fibre à double gaine, au moyen d'un logiciel résolvant les équations d'évolution des puissances et densités de populations mises en jeu (pour un dopage aux ions erbium). Nous avons montré que les plus fortes valeurs de gain pouvaient être atteintes dans le cas de l'utilisation de la géométrie circulaire à deux troncatures non parallèles : avec un signal monocanal à $\lambda = 1530$ nm de puissance -10 dBm, injecté dans une fibre de surface de gaine interne 15000 μm^2 et pompée avec 3 W à 980 nm, un gain de 22 dB a été calculé, par comparaison aux performances obtenues avec des formes classiques de gaine interne, comme le cercle ou le rectangle (pas plus de 6 dB dans des conditions identiques).

D'autre part, la répartition transverse du dopant terre rare a été étudiée dans la fibre de géométrie de gaine interne optimale. Trois distributions différentes ont été considérées : un dopage exclusif du cœur monomode, un dopage sur un disque plus large que ce cœur, et un dopage en anneau autour du cœur. La **distribution en anneau** a permis d'obtenir les meilleures performances dans le cas d'une application de type multiplexage en longueur d'onde, qui nécessite l'utilisation d'amplificateurs large bande (opérant dans la région 1530-1560 nm) : un gain de 29 dB $\pm$ 1 dB sur 27 nm a été démontré, pour une fibre de longueur 12 m, avec un signal d'entrée de puissance – 10 dBm répartie sur 60 canaux entre 1520 et 1580 nm, et seulement 3 W de pompe injectée. Pour le même amplificateur, dans les mêmes conditions d'étude, nous avons calculé un facteur de bruit d'une valeur raisonnable, comprise entre 4 et 5 dB sur la plage spectrale de 27 nm considérée. Cette valeur est plus faible que dans le cas d'un amplificateur à fibre à double gaine traditionnel.

Enfin, les résultats numériques présentés dans le troisième chapitre ont pu être validés par une étude expérimentale de l'absorption de la pompe dans les fibres optiques à double gaine. Nous avons mesuré l'évolution longitudinale de l'atténuation de la puissance de pompe $A_P(z)$ au moyen d'une méthode dérivée de celle du « cut-back ». Les mesures ont été effectuées pour des fibres dopées au chrome, très absorbantes, ainsi que pour des fibres dopées aux terres rares (erbium/ytterbium, néodyme) faiblement pompées, afin de travailler en régime de faible inversion de population, et de s'affranchir des erreurs qui pourraient être dues à une trop forte fluorescence. Une diminution avec z de l'atténuation linéique de la puissance de pompe, témoignant d'une absorption différentielle des modes de la gaine interne, a été mise en évidence dans les fibres circulaires. Au contraire, une évolution longitudinale linéaire a été observée pour les fibres à gaine interne circulaire à deux troncatures non parallèles, dans lesquelles se développe une dynamique chaotique des rayons.

Parmi les perspectives émanant de ce travail, citons la réalisation d'un amplificateur optique de puissance large bande qui utiliserait une fibre à double gaine chaotique (gaine interne de géométrie circulaire à deux troncatures non parallèles), dans laquelle un dopage aux ions erbium serait réparti sur un anneau situé autour du cœur central monomode. Il serait alors envisageable d'atteindre une puissance de sortie de l'ordre de 30 dBm (1 W) sur une plage spectrale de plusieurs dizaines de nanomètres, avec seulement quelques watts de puissance de pompe injectée.

Annexes

ANNEXE I

Perte au raccordement entre une fibre optique monomode dopée aux terres rares et une fibre optique monomode standard

Plan :

I	Présentation du problème	164
II	Etude théorique	166
	II.1 Approche quantitative	166
	II.2 Approche qualitative	168
III	Mesure de la perte aux connexions	168
	III.1 Présentation du montage expérimental	168
	III.2 Marche à suivre	170
	III.3 Définition des différentes pertes dans le montage expérimental	171
	III.4 Résultats obtenus	172
IV	Discussion des résultats publiés par ailleurs et conclusion	174

L'étude de la **perte au raccordement entre une fibre optique monomode dopée aux terres rares et une fibre optique monomode standard** ne s'inscrit pas directement dans le domaine de l'amplification optique de puissance par fibres à double gaine. Cependant, il s'agit d'un travail qui a été effectué en début de thèse, et que nous jugeons utile de faire figurer en annexe dans ce manuscrit.

I Présentation du problème

Considérons une ligne de transmission optique, composée de fibres monomodes standard, dans laquelle des fibres dopées aux terres rares sont régulièrement utilisées afin de réamplifier le signal. Pour établir le bilan de liaison de cette ligne, il est nécessaire de connaître la perte au raccordement entre fibres monomodes et fibres dopées.

Les fibres optiques dopées aux terres rares comportent très souvent un cœur de petite dimension à forte différence d'indice de réfraction avec la gaine. De cette façon, le rayon de champ de mode[1] de ces fibres est plus petit que celui des fibres optiques monomodes standard (figure 80). Il en résulte une perte théorique au raccordement non négligeable. Selon l'approximation du « joint bout à bout »[2], la perte intrinsèque au raccordement entre deux fibres de rayons de champ de mode différents peut être calculée au moyen de l'intégrale de recouvrement entre les champs associés au mode de chaque fibre. Cette perte est alors donnée par l'expression suivante [95] :

$$\alpha_C = 20 \log \frac{w_1^2 + w_2^2}{2 w_1 w_2} \qquad (32)$$

dans laquelle w_1 et w_2 désignent les rayons de champ de mode respectifs de la fibre amont et de la fibre aval. On constate que cette expression est symétrique, sous-entendant que la perte est indépendante du sens de propagation de la lumière.

---

[1] Le rayon de champ de mode est défini comme étant la demi-largeur à 1/e de la distribution transverse du champ associé au mode fondamental de la fibre.
[2] On suppose qu'il n'y a aucun décalage longitudinal ni transversal entre les deux fibres optiques raccordées.

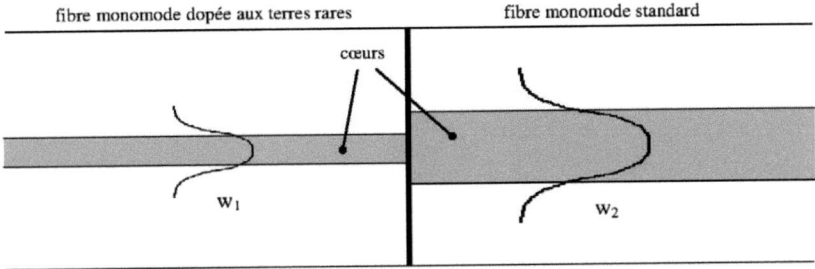

Figure 80 : Représentation schématique d'une connexion entre une fibre monomode dopée aux terres rares et une fibre monomode standard de rayons de champ de mode respectifs w_1 et w_2

Afin de diminuer la perte au raccordement entre fibres de rayons de champ de mode différents, il faut rendre la transition entre les deux fibres plus adiabatique [96]. Ceci peut être obtenu grâce à une technique de soudage par multirefusion, qui consiste à appliquer, au niveau de la connexion entre les deux fibres, un certain nombre d'arcs électriques successifs, d'intensité et durée bien déterminées. En chauffant ainsi l'épissure, on provoque une migration transversale des dopants indiciels et par conséquent un adoucissement de la transition. Parmi les publications faisant état de l'application de cette technique aux connexions entre fibres monomodes et fibres dopées, certaines mettent en évidence le fait que la perte à ces connexions dépend du sens de propagation de la lumière [97,98], ce qui est en désaccord avec la relation (32). Nous nous proposons de clarifier cette contradiction.

II   Etude théorique

II.1   Approche quantitative

La perte aux connexions entre fibres monomodes et fibres dopées a été étudiée grâce à un algorithme de type BPM (Beam Propagation Method, méthode du faisceau propagé) à différence finie. Cet algorithme, développé dans notre laboratoire par le professeur Marcou [99], est destiné à modéliser des structures optiques à symétrie de révolution tout au long de l'axe de propagation. Il convient donc bien à l'étude des connexions entre fibres optiques cylindriques.

Considérons la connexion entre une fibre monomode dopée aux terres rares F_1 (rayon du cœur = 1,7 µm, $\Delta n = 2.10^{-2}$) et une fibre monomode standard F_2 (rayon du cœur = 4 µm, $\Delta n = 4.10^{-3}$). La transition entre les deux fibres est tout d'abord supposée abrupte. La perte calculée par BPM est de 2,24 dB, en bon accord avec la valeur donnée par (32) s'élevant à 2,27 dB. A la précision des calculs près, cette perte conserve la même valeur quel que soit le sens de propagation de la lumière. La figure 81 montre l'évolution longitudinale de la distribution transverse du champ dans les deux sens de propagation.

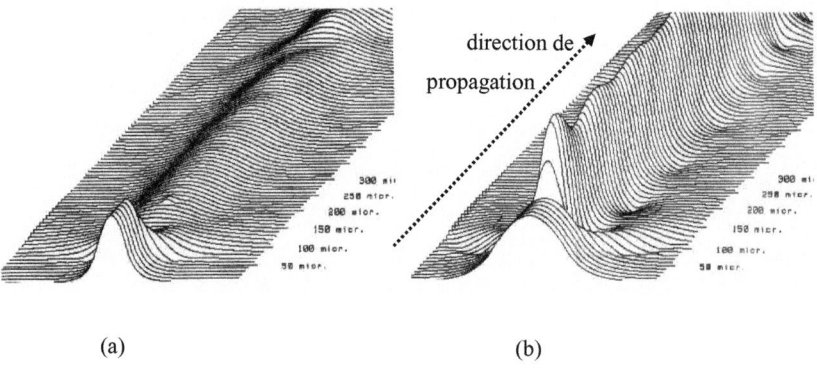

(a)   (b)

Figure 81 :   Evolution longitudinale de la distribution transverse du champ au niveau d'une transition abrupte entre une fibre monomode et une fibre dopée aux terres rares
  a) De la fibre dopée F_1 vers la fibre monomode F_2
  b) De la fibre monomode F_2 vers la fibre dopée F_1

Considérons maintenant la connexion entre les deux mêmes fibres, mais avec une transition progressive. L'évolution de la perte à la connexion en fonction de la longueur de la transition a été calculée et figure sur le tableau 7. On constate naturellement que la perte diminue lorsque la transition est plus longue, c'est-à-dire plus progressive. Par ailleurs, de même que précédemment, la perte à la connexion ne dépend pas du sens de propagation de la lumière. La figure 82 donne un exemple d'évolution longitudinale de la distribution transverse du champ au niveau d'une transition progressive (longueur égale à 40 µm).

Longueur de la transition (µm)	0.1	10	20	30	40	50	100
Perte (dB)	2,24	2,24	2,14	1,83	1,46	1,13	0,36

Tableau 7 : Evolution de la perte calculée par BPM en fonction de la longueur de la transition

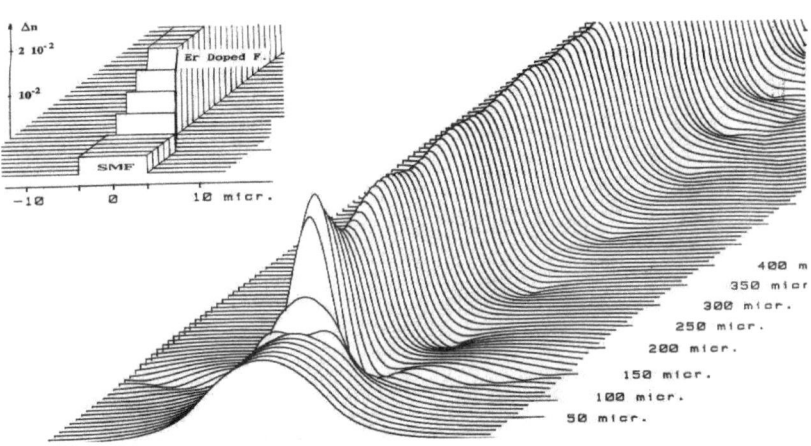

Figure 82 : Evolution longitudinale de la distribution transverse du champ au niveau d'une transition progressive de longueur 40 µm entre la fibre monomode dopée aux terres rares F_1 et la fibre monomode standard F_2

II.2 Approche qualitative

Ce problème d'asymétrie de la perte peut être abordé qualitativement d'une manière purement intuitive. Considérons d'abord le cas d'une transition abrupte entre les deux fibres. En fait, cette asymétrie, si elle existe, ne peut provenir que de la distorsion du champ transmis, due à la réflexion du champ incident sur chaque point de la section transverse de la connexion. En effet, les conséquences de la réflexion sur la forme du champ transmis ne sont pas les mêmes dans les deux sens de propagation, puisque la distribution transverse du champ guidé n'est pas la même dans les deux fibres. Cependant, les valeurs prises par les coefficients de réflexion restent inférieures à 10^{-4}, même dans le cas d'une connexion entre fibres de paramètres opto-géométriques (rayon de cœur et ouverture numérique) très différents. Cela signifie que la distorsion subie par le champ transmis reste dans tous les cas négligeable, et que l'on peut par conséquent considérer la perte à la connexion comme symétrique.

Dans le cas d'une transition progressive, la méthode consiste à décomposer cette dernière en une suite de transitions abruptes élémentaires. La perte à la connexion est alors égale à la somme des pertes de chaque transition élémentaire, dont le comportement symétrique a été mis en évidence ci-dessus. De cette façon, la perte globale à la connexion ne dépend pas du sens de propagation de la lumière.

En somme, les approches théoriques que nous proposons ne permettent pas de montrer un comportement asymétrique perceptible de la connexion en termes de perte.

III Mesure de la perte aux connexions

III.1 Présentation du montage expérimental

Nous avons conçu le montage expérimental des figures 83 et 84, afin de mesurer la perte à une connexion entre fibres dans les deux directions de propagation, et ce pour chaque nouvelle application d'un arc électrique à l'épissure.

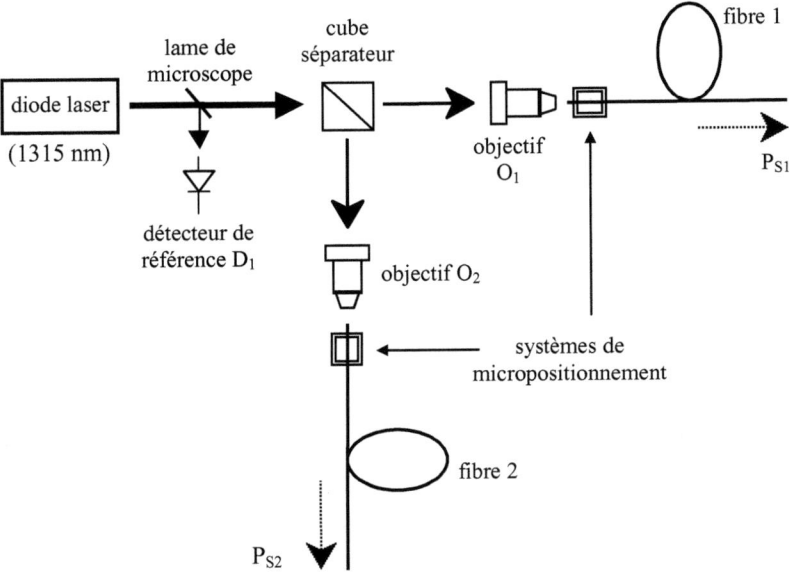

Figure 83 : Montage expérimental : mesure de P_{S1} et P_{S2} avant soudage

La source lumineuse utilisée est une diode laser stabilisée en puissance émettant 2,5 mW à 1315 nm. Le choix de cette longueur d'onde se justifie par le fait que les ions erbium, présents dans les fibres actives que nous étudions par la suite, n'absorbent pas à 1315 nm, et par conséquent ne perturbent pas les mesures. Le détecteur D_1 de référence permet de contrôler la stabilité de la source. Le faisceau lumineux ayant traversé la lame de microscope est divisé en deux parts égales par un cube séparateur. Chaque nouveau faisceau peut alors être injecté dans les fibres 1 et 2 grâce aux objectifs de microscope respectifs O_1 et O_2.

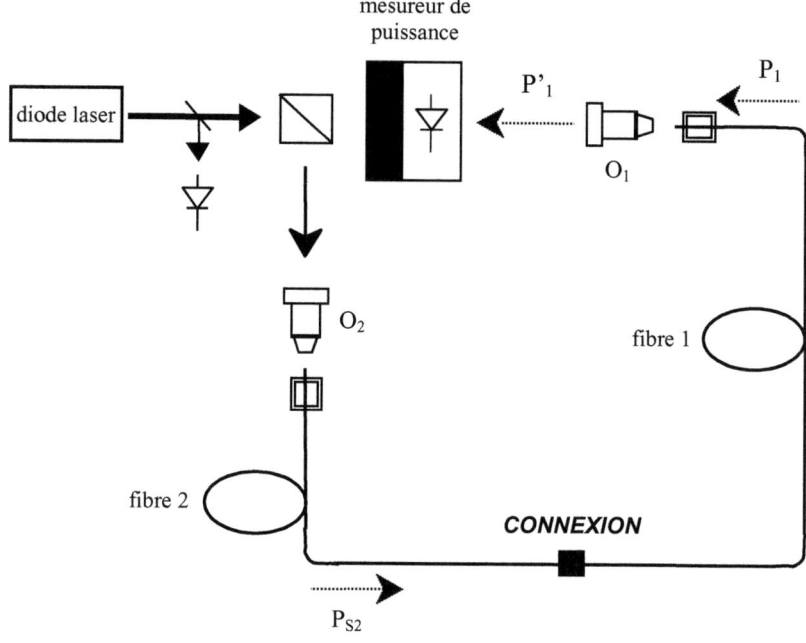

Figure 84 : Montage expérimental : mesure de P'$_1$ après soudage
(pour la mesure de P'$_2$, le mesureur de puissance est placé devant l'objectif O$_2$)

III.2 Marche à suivre

La marche à suivre pour mesurer la perte à la connexion entre les fibres 1 et 2 dans les deux sens de propagation est la suivante :

1. injection de la lumière dans les deux fibres et mesure de la puissance à la sortie de la fibre 1 (P$_{S1}$) et de la fibre 2 (P$_{S2}$) ;
2. soudage des fibres 1 et 2 au moyen d'une seule fusion par arc électrique (soudeuse Siemens RXS A60) ;

3. mesure de la puissance transmise P'_1 (respectivement P'_2) de la fibre 2 vers la fibre 1 (respectivement de la fibre 1 vers la fibre 2), le faisceau issu du cube séparateur et se dirigeant vers l'objectif O_1 (respectivement O_2) étant obturé ;
4. application d'un nouvel arc électrique ;
5. répétition des actions 3 et 4 tant que P'_1 (respectivement P'_2) augmente ;
6. suppression de l'objectif O_1 (respectivement O_2) et mesure de la puissance P_1 (respectivement P_2).

III.3 Définition des différentes pertes dans le montage expérimental

La perte à la traversée de l'objectif O_i entre la fibre i et le détecteur, appelée perte d'extraction α_{ei} (i=1, 2) de l'objectif O_i, est donnée par :

$$\alpha_{ei} = 10 \log \frac{P_i}{P'_i} \qquad (33)$$

Elle dépend de l'ouverture numérique de la fibre i, des caractéristiques de l'objectif de microscope O_i et de la qualité de l'alignement entre la fibre et l'objectif. La marge d'erreur sur la valeur de α_{ei} a été évaluée à ± 0,015 dB.

La perte à la connexion α_{Mij} de la fibre i (i=1, 2) vers la fibre j (j=2, 1) s'exprime comme suit :

$$\alpha_{Mij} = 10 \log \frac{P_{Si}}{P_j} = 10 \log \frac{P_{Si}}{P'_j} - \alpha_{ej} \qquad (34)$$

Cependant, α_{Mij} ne tient pas compte de l'atténuation au cours de la propagation dans l'échantillon de fibre aval. La perte réelle α_{Sij} à la connexion de la fibre i (i=1, 2) vers la fibre j (j=2, 1) est en fait :

$$\alpha_{Sij} = \alpha_{Mij} - \alpha_j \qquad (35)$$

avec α_j l'atténuation du tronçon de fibre j.

III.4 Résultats obtenus

Nous avons mesuré la perte aux connexions entre une fibre monomode standard (SMF 28) et trois différentes fibres dopées à l'erbium. Les caractéristiques de ces fibres figurent sur le tableau 8. Le rayon de champ de mode a été mesuré à la fois par la technique du champ proche réfracté [100] et par l'analyse de la fonction d'autocorrélation du champ proche [101]. L'atténuation linéique a été mesurée par la méthode classique du « cut-back ». On constate qu'elle peut être négligée dans le cas des fibres SMF 28 et EDOS, car la longueur des tronçons de fibre utilisés est seulement de 2 m.

Référence	Type	Codopant	Rayon de champ de mode à 1315 nm (µm)	Atténuation linéique à 1315 nm (dB/km)
SMF 28	SSMF	Ge	4,78	0,4
Lycom R37002	EDF	Al/La	2,65	90
Photonetics EDOS 103	EDF	Al/Ge	2,80	4,3
CNET FPA 401 Er	EDF	Al	6,2	60

Tableau 8 : Caractéristiques des fibres utilisées dans les expérimentations
(SSMF : *Standard Single Mode Fibre*, pour fibre monomode standard ;
EDF : *Erbium Doped Fibre*, pour fibre dopée à l'erbium)

La figure 85 montre l'évolution des pertes α_{M12} et α_{M21} à la connexion entre les fibres SMF 28 (fibre 1) et EDOS (fibre 2), en fonction du nombre de fusions. A la précision des mesures près (± 0,03 dB), la perte à la connexion est symétrique.

Par contre, dans le cas de la connexion entre les fibres SMF 28 (fibre 1) et Lycom (fibre 2), la perte mesurée α_{Mij} varie selon le sens de propagation (figure 86). La différence $\alpha_{M12} - \alpha_{M21}$ est d'environ 0,15 dB, tout au long du procédé de multirefusion. Cette valeur correspond justement, aux erreurs de mesure près, à l'atténuation $\alpha_2 = 0,18$ dB des deux mètres de fibre Lycom. Aucune différence significative entre α_{S12} et α_{S21} ne peut donc être observée. Ce résultat ne montre par conséquent aucun comportement asymétrique de la perte.

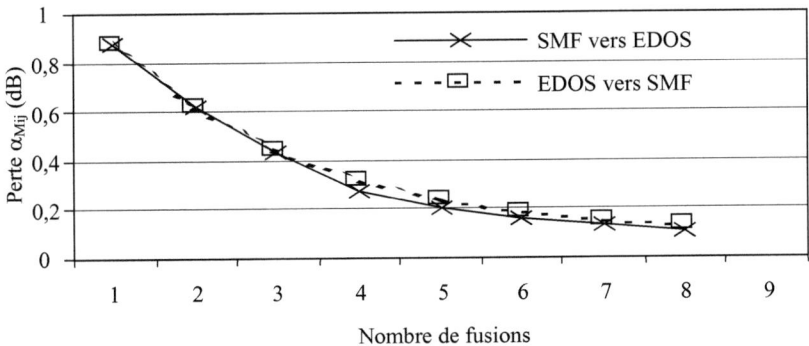

Figure 85 : Perte α_{Mij} à la connexion entre les fibres SMF 28 et EDOS

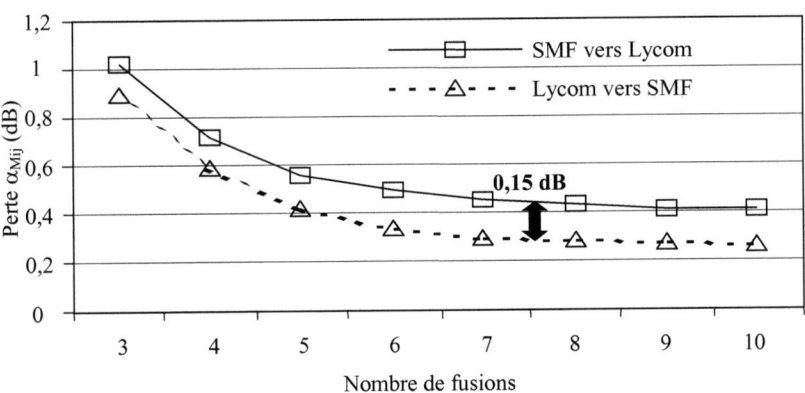

Figure 86 : Perte α_{Mij} à la connexion entre les fibres SMF 28 et Lycom

Enfin, si l'on remplace la fibre Lycom par la fibre CNET, la perte à la connexion se comporte de manière comparable : la prise en compte de l'atténuation des deux mètres de fibre CNET ($\alpha_2 = 0,12$ dB) permet de comprendre l'écart typique observé entre α_{M12} et α_{M21}.

En somme, les mesures effectuées n'indiquent aucun caractère asymétrique de la perte aux connexions étudiées, en accord avec l'expression théorique (32) et les calculs de BPM.

IV Discussion des résultats publiés par ailleurs et conclusion

L'étude présentée ici, à la fois théorique et expérimentale, aboutit à des conclusions contraires à celles de certaines publications [97,98]. En fait, dans la référence [97], les pertes de fond des fibres ainsi que l'absorption des ions erbium n'ont pas été pris en compte (mesures réalisées à 1560 nm, longueur d'onde à laquelle l'erbium est optiquement actif). Dans la référence [98], les valeurs de pertes théoriques ne sont pas indiquées, et les mesures n'ont été effectuées que dans un seul sens de propagation. De cette façon, les résultats présentés dans ces publications ne peuvent être considérés comme suffisamment fiables.

Cette discussion et nos propres résultats nous conduisent à réfuter les propositions arguant du caractère asymétrique de la perte aux connexions entre fibres classiques et fibres amplificatrices, et à affirmer au contraire que celle-ci est indépendante du sens de propagation de la lumière.

ANNEXE II

Définition de l'intégrale de recouvrement

| ANNEXE II | DEFINITION DE L'INTEGRALE DE RECOUVREMENT |

L'**intégrale de recouvrement** normalisée entre la distribution d'intensité lumineuse i(x,y) et la distribution du dopant de terre rare D(x,y) est donnée par la relation suivante, exprimée en coordonnées cartésiennes :

$$\Gamma = \frac{\iint_\infty i(x,y).D(x,y)dx.dy}{\iint_\infty i(x,y).dx.dy} \tag{36}$$

Dans le cas où la distribution du dopant de terre rare est un **disque de rayon a** et la distribution de l'intensité lumineuse **à symétrie de révolution** (c'est le cas pour le champ monomode associé au signal), l'intégrale de recouvrement s'écrit, en coordonnées cylindriques :

$$\Gamma = \frac{\int_0^{2\pi}\int_0^a i(r).r.dr.d\theta}{\int_0^{2\pi}\int_0^\infty i(r).r.dr.d\theta} \tag{37}$$

ANNEXE III

Utilisation du logiciel de BPM pour d'autres applications

<u>Plan</u> :

I	Etude de fibres optiques microstructurées air-silice............................	178
II	Etude de fibres optiques à réseau de Bragg radial...............................	180
III	Etude du filtrage spatial par fibre optique monomode.........................	182

| ANNEXE III | UTILISATION DU LOGICIEL DE BPM POUR D'AUTRES APPLICATIONS |

Le logiciel de BPM présenté et utilisé dans le chapitre III nous a permis par ailleurs d'étudier la propagation de la lumière dans des fibres optiques autres que les fibres à double gaine dopées aux terres rares. Nous donnons ci-après quelques exemples de résultats obtenus pour ces applications différentes de l'amplification optique de puissance.

I   Etude de fibres optiques microstructurées air-silice

Les fibres optiques microstructurées air-silice (ou fibres à cristal photonique, ou encore fibres à trous), proposées pour la première fois au milieu des années 1990 [102,103], présentent certaines propriétés intéressantes (caractère unimodal large bande, dispersion chromatique singulière).

La figure 87 montre le profil d'indice transverse de la fibre que nous avons étudiée, ainsi que la distribution transverse du module du champ guidé, calculée par BPM, à la longueur d'onde de 1 µm après 1 cm de propagation.

Nous avons de plus calculé et tracé figure 88 l'évolution longitudinale de la puissance lumineuse dans la même fibre excitée en son centre à $\lambda = 1$ µm par des faisceaux gaussiens de différentes tailles, dirigés selon l'axe de propagation. Chaque courbe montre bien le rayonnement d'énergie puis l'établissement du mode guidé de la fibre microstructurée avec d'autant plus d'efficacité que la taille de la gaussienne d'excitation est proche de celle du mode (rayon de champ de mode $w_0 = 1,6$ µm). En fait, ces différentes excitations peuvent rendre compte de la propagation du champ au niveau d'une connexion entre une fibre optique monomode et une fibre à trous, la gaussienne d'excitation correspondant alors au mode fondamental de la fibre monomode.

Enfin, dans le but de vérifier la validité des résultats fournis par le logiciel de BPM, nous les avons comparés à ceux obtenus au moyen de la méthode des éléments finis, utilisée dans notre laboratoire : sur la figure 89 sont superposées les distributions transverses du module du champ modal de la fibre microstructurée, calculées à $\lambda = 1$ µm par les deux méthodes et tracées selon un rayon passant par les trous d'air. Les résultats issus des deux méthodes semblent cohérents à la vue de ce graphe. Le léger écart observé s'explique par le fait que la discrétisation du profil d'indice est moins précise dans le cas de la BPM que dans le cas de la méthode des éléments finis.

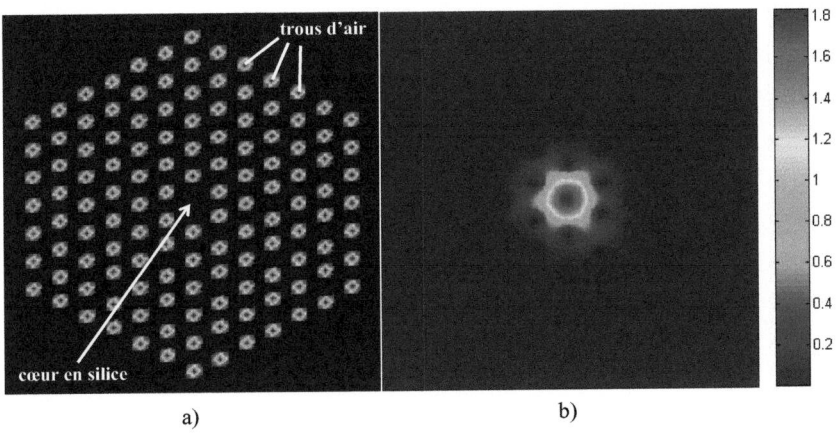

Figure 87 : Profil d'indice transverse (a) de la fibre microstructurée étudiée (diamètre des trous d'air = 1 µm, espacement entre trous = 2.3 µm) et distribution transverse du module du champ guidé (b) calculée par BPM à λ = 1 µm après 1 cm de propagation

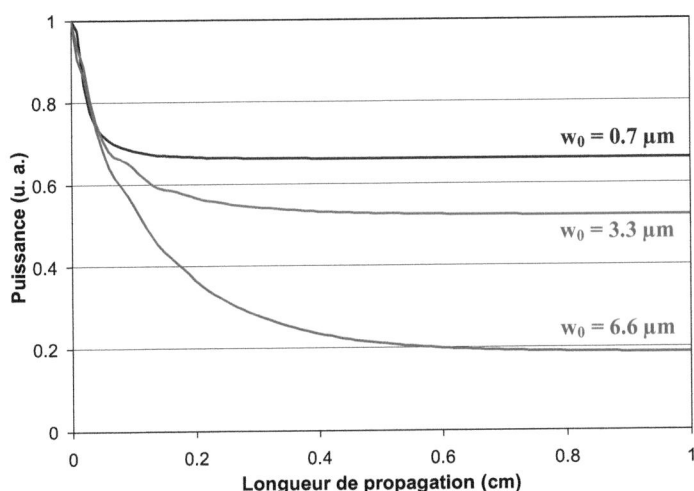

Figure 88 : Evolution longitudinale de la puissance lumineuse dans la fibre de la figure 87a excitée en son centre à λ = 1 µm par des faisceaux gaussiens de différentes tailles, dirigés selon l'axe de propagation (w_0 désigne leur demi-largeur à 1/e)

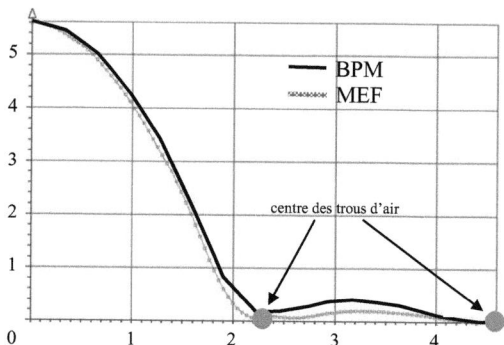

Figure 89 : Module du champ tracé sur un rayon passant par les trous d'air ($\lambda = 1$ µm) : comparaison des résultats donnés par la BPM et par la MEF (méthode des éléments finis)

II   Etude de fibres optiques à réseau de Bragg radial

La fibre optique à réseau de Bragg radial [104] (ou fibre de Bragg) que nous avons étudiée est constituée d'un cœur circulaire de rayon 6,7 µm à bas indice de réfraction $n_1 = 1{,}446$, entouré d'une gaine formée de couches d'épaisseur 1,2 µm dont l'indice vaut alternativement $n_2 = 1{,}459$ et $n_3 = 1{,}45$ (figure 90). Ces valeurs d'indice sont données à $\lambda_0 = 1060$ nm, longueur d'onde à laquelle la fibre doit théoriquement guider la lumière, en présentant une dispersion chromatique nulle.

Cette fibre a été excitée par un faisceau gaussien centré ($w_0 = 3{,}5$ µm). Le faisceau incident et le champ se propageant aux distances $z_1 = 3$ mm et $z_2 = 9$ mm de la face d'entrée, calculé par BPM, apparaissent sur la figure 91 pour deux longueurs d'onde différentes : la longueur d'onde nominale de travail $\lambda_0 = 1060$ nm, et $\lambda = 633$ nm. On constate qu'à la longueur d'onde nominale λ_0, la lumière est guidée dans le cœur. Au contraire, à $\lambda = 633$ nm, aucun effet de guidage n'est observé, l'énergie s'étalant dans les couches d'indice haut de la gaine ; plus aucune énergie n'est d'ailleurs décelable dans le cœur après 9 mm de propagation.

Par ailleurs, le logiciel de BPM nous a permis de calculer le spectre de transmission de la fibre de Bragg. Ce spectre est donné figure 92 pour un tronçon de longueur 40 cm. On observe un effet de filtrage passe bande de largeur 150 nm à -3 dB, centré sur $\lambda \approx 1$ µm. Pour information, on a superposé sur la même figure le spectre mesuré expérimentalement.

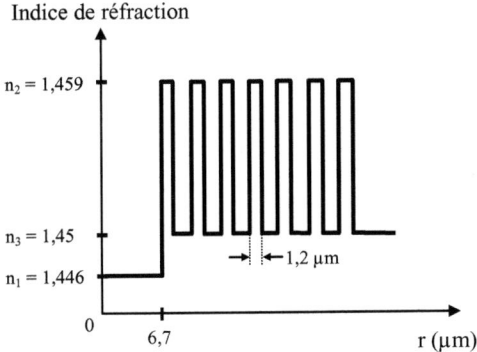

Figure 90 : Profil d'indice de la fibre de Bragg étudiée (à $\lambda_0 = 1060$ nm)

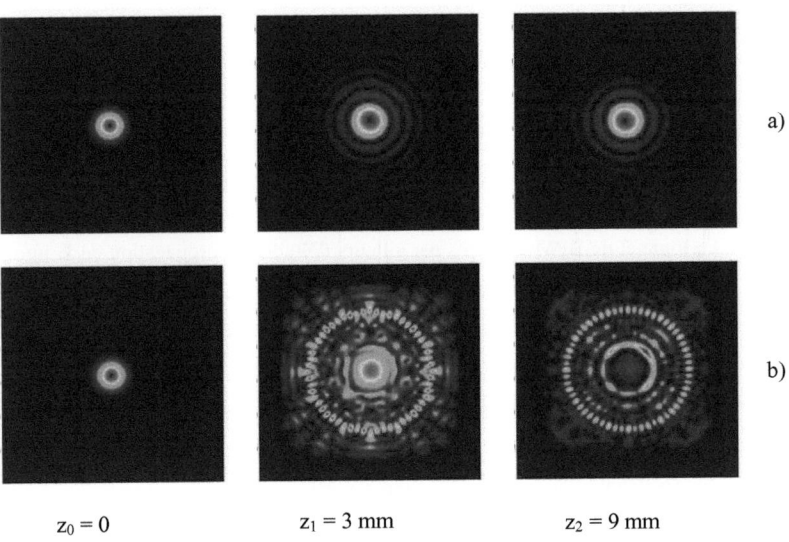

Figure 91 : Distributions transverses du module du champ incident ($z_0 = 0$) et du module du champ se propageant aux distances $z_1 = 3$ mm et $z_2 = 9$ mm de la face d'entrée (calculé par BPM), aux longueurs d'onde 1060 nm (a) et 633 nm (b)

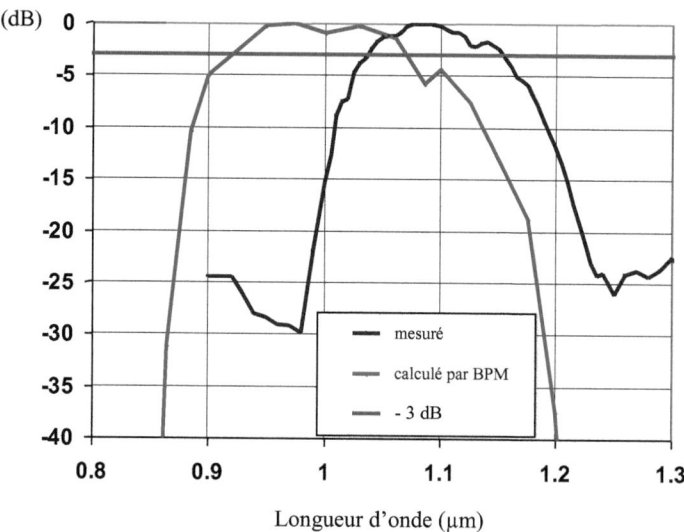

Figure 92 : Spectres de transmission mesuré et calculé par BPM (normalisés à 0) pour un tronçon de fibre de Bragg de longueur 40 cm

III Etude du filtrage spatial par fibre optique monomode

Le logiciel de BPM a permis par ailleurs d'étudier la propagation de la lumière dans des fibres optiques monomodes utilisées en interférométrie stellaire. Pour cette application, la fibre monomode a pour rôle de réaliser un filtrage spatial de la surface d'onde collectée par un télescope, afin de fournir à sa sortie une onde dont les caractéristiques sont indépendantes des éventuelles perturbations. Il est alors nécessaire de connaître la longueur de fibre permettant d'atténuer le bruit collecté, ou aberration, d'un facteur pouvant aller de 10^{-4} à 10^{-8} en puissance.

Nous donnons figure 93b un exemple de courbe calculée par BPM à $\lambda = 1,55$ µm, montrant l'évolution longitudinale de la puissance de bruit dans une fibre excitée par le champ aberrant de la figure 93a : une longueur d'environ 42 cm est nécessaire afin d'atténuer le bruit d'un facteur 10^{-4}, soit 40 dB en échelle logarithmique.

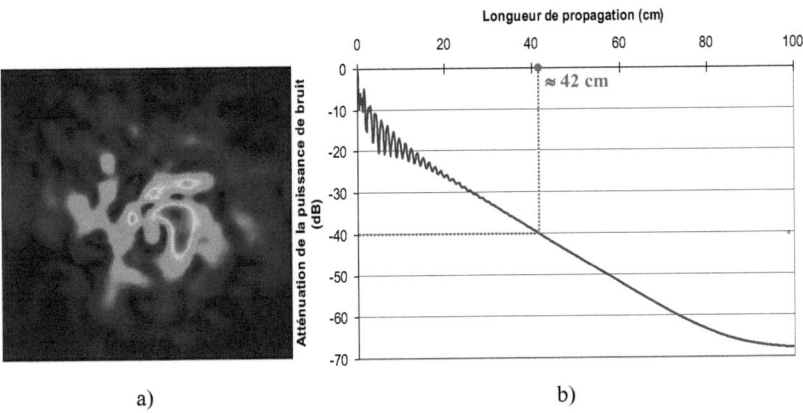

a) b)

Figure 93 : Evolution longitudinale de l'atténuation de la puissance de bruit (b) dans une fibre optique monomode (rayon du cœur = 5,4 µm ; ouverture numérique = 0,1) excitée par un champ aberrant (a) à la longueur d'onde $\lambda = 1,55$ µm

Bibliographie

BIBLIOGRAPHIE

[1] **K. Shimoda, H. Takahasi, C. H. Townes**
« Fluctuations in amplification of quanta with application to maser amplifiers »
Journal of the Physical Society of Japan, vol. 12, n° 6, p. 686-700 (1957)

[2] **A. L. Schawlow, C. H. Townes**
« Infrared and optical masers »
Physical Revue, vol. 112, n° 6, p. 1940-1949 (1958)

[3] **A. Yariv, J. P. Gordon**
« The laser »
Proceedings of the IEEE, p. 4-29 (1963)

[4] **C. J. Koester, E. Snitzer**
« Amplification in a fiber laser »
Applied Optics, vol. 3, n° 10, p. 1182-1186 (1964)

[5] **F. P. Kapron, D. B. Keck, R. D. Maurer**
« Radiation losses in glass optical waveguides »
Applied Physics Letters, vol. 17, n° 10, p. 423-425 (1970)

[6] **J. Stone, C. A. Burrus**
« Neodynium-doped silica lasers in end-pumped fiber geometry »
Applied Physics Letters, vol. 23, n° 7, p. 388-389 (1973)

[7] **S. B. Poole, D. N. Payne, M. E. Fermann**
« Fabrication of low-loss optical fibres containing rare-earth ions »
Electronics Letters, vol. 21, n° 17, p. 737-738 (1985)

[8] **R. J. Mears, L. Reekie, S. B. Poole, D. N. Payne**
« Neodynium-doped silica single-mode fibre lasers »
Electronics Letters, vol. 21, n° 17, p. 738-740 (1985)

[9] **R. J. Mears, L. Reekie, S. B. Poole, D. N. Payne**
« Low-threshold tunable cw and Q-switched fibre laser operating at 1.55 µm »
Electronics Letters, vol. 22, n° 3, p. 159-160 (1986)

[10] **R. J. Mears, L. Reekie, I. M. Jauncey, D. N. Payne**
« Low-noise erbium-doped fibre amplifier operating at 1.54 µm »
Electronics Letters, vol. 23, n° 19, p. 1026-1028 (1987)

[11] **J. E. Townsend, S. B. Poole, D. N. Payne**
« Solution-doping technique for fabrication of rare-earth-doped optical fibres »
Electronics Letters, vol. 23, n° 7, p. 329-331 (1987)

[12] **E. Desurvire, C. R. Giles, J. R. Simpson**
« Gain saturation effects in high-speed, multichannel erbium-doped fiber amplifiers at $\lambda = 1.53$ µm »
IEEE Journal of Lightwave Technology, vol. 7, n° 12, p. 2095-2104 (1989)

[13]   **E. Desurvire**
« Analysis of erbium-doped fiber amplifiers pumped in the $^4I_{15/2}$ - $^4I_{13/2}$ band »
IEEE Photonics Technology Letters, vol. 1, n° 10, p. 293-296 (1989)

[14]   **E. Desurvire, J. L. Zyskind, C. R. Giles**
« Design optimization for efficient erbium-doped fiber amplifiers »
IEEE Journal of Lightwave Technology, vol. 8, n° 11, p. 1730-1741 (1990)

[15]   **P. R. Morkel, R. I. Laming**
« Theoretical modeling of erbium-doped fiber amplifiers with excited-state absorption »
Optics Letters, vol. 14, n° 19, p. 1062-1064 (1989)

[16]   **M. Peroni, M. Tamburrini**
« Gain in erbium-doped fiber amplifiers: a simple analytical solution for the rate equations »
Optics Letters, vol. 15, n° 15, p. 842-844 (1990)

[17]   **B. Pedersen, A. Bjarklev, J. H. Povlsen, K. Dybdal, C. C. Larsen**
« The design of erbium-doped fiber amplifiers »
IEEE Journal of Lightwave Technology, vol. 9, n° 9, p. 1105-1112 (1991)

[18]   **C. R. Giles, E. Desurvire, J. R. Talman, J. R. Simpson, P. C. Becker**
« 2-Gbits/s signal amplification at λ = 1.53 µm in an erbium-doped single-mode fiber amplifier »
IEEE Journal of Lightwave Technology, vol. 7, n° 4, p. 651-656 (1989)

[19]   **H. Taga *et al.***
« 10 Gbit/s, 9000km IM-DD transmission experiments using 274 Er-doped fiber amplifiers »
Proceedings of Conference on Optical Fiber Communications, paper PD1 (1993)

[20]   **H. Po, E. Snitzer, R. Tumminelli, L. Zenteno, F. Hakimi, N. M. Cho, T. Haw**
« Double clad high brightness Nd fiber laser pumped by GaAlAs phased array »
Proceedings of Conference on Optical Fiber Communications, postdeadline paper PD7, p. 220-223 (1989)

[21]   **P. Bousselet, M. Bettiati, L. Gasca, P. Lambelet, F. Leplingard, D. Bayart**
« + 30 dBm output power from a cladding-pumped Yb-free EDFA for L band applications »
Proceedings of Conference on Optical Amplifiers and their Applications, paper OWC3 (2001)

[22]   **A. E. Siegman**
« Lasers » | *University Science Books* (1986)

[23]   **A. Bjarklev**
« Optical fiber amplifiers: design and system applications »
Artech House (1993)

[24] **S. Magne**
« Etat de l'art des lasers à fibre, étude d'un laser à fibre dopée ytterbium et spectroscopie laser de fibres dopées »
Thèse de Doctorat de l'Université de Saint-Etienne (1993)

[25] **P. Roy**
« Lasers déclenchés à fibres dopées à l'erbium pour applications à la télémétrie »
Thèse de Doctorat de l'Université de Limoges (1997)

[26] **B. Dussardier**
« Fibres optiques dopées aux terres rares – Fabrication, caractérisation et amplification sélective »
Thèse de Doctorat de l'Université de Nice-Sophia-Antipolis (1992)

[27] **K. Arai, H. Namikawa, K. Kumata, T. Honda, Y. Ishii, T. Handa**
« Aluminum or phosphorus co-doping effects on the fluorescence and structural properties of neodymium-doped silica glass »
Journal of Applied Physics, vol. 59, n° 10, p. 3430-3436 (1986)

[28] **B. J. Ainslie**
« A review of the fabrication and properties of erbium-doped fibers for optical amplifiers »
IEEE Journal of Lightwave Technology, vol. 9, n° 2, p. 220-227 (1991)

[29] **W. J. Miniscalco**
« Erbium-doped glasses for fiber amplifiers at 1500 nm »
IEEE Journal of Lightwave Technology, vol. 9, n° 2, p. 234-250 (1991)

[30] **E. Desurvire, J. R. Simpson**
« Evaluation of $^4I_{15/2}$ and $^4I_{13/2}$ Stark-level energies in erbium-doped aluminosilicate glass fibers »
Optics Letters, vol. 15, n° 10, p. 547-549 (1990)

[31] **E. Desurvire**
« Erbium-doped fiber amplifiers – Principles and applications »
Wiley-Interscience (1994)

[32] **G. Vienne**
« Fabrication and characterisation of ytterbium : erbium codoped phosphosilicate fibres for optical amplifiers and lasers »
Ph. D. Thesis, University of Southampton (1996)

[33] **M. Monerie**
« Status of fluoride fiber lasers »
Proceedings of SPIE, vol. 1581, p. 2-13 (1991)

[34] **K. Dybdal, N. Bjerre, J. E. Petersen, C. C. Larsen**
« Spectroscopic properties of Er-doped silica fibers and preforms »
Proceedings of SPIE, vol. 1171, p. 209-218 (1989)

[35] P. Lecoy
« Télécoms sur fibres optiques »
Hermès, $2^{\text{ème}}$ édition revue et augmentée (1997)

[36] M. J. F. Digonnet
« Rare earth doped fiber lasers and amplifiers »
Marcel Dekker (1993)

[37] E. Snitzer
« Proposed fiber cavities for optical masers »
Journal of Applied Physics, vol. 32, n° 1, p. 36-39 (1961)

[38] E. Snitzer
« Optical maser action of Nd^{+3} in a barium crown glass »
Physical Review Letters, vol. 7, n° 12, p. 444-446 (1961)

[39] E. Snitzer, R. Tumminelli
« SiO_2-clad fibers with selectively volatilized soft-glass cores »
Optics Letters, vol. 14, n° 14, p. 757-759 (1989)

[40] T. A. Birks, Y. W. Li
« The shape of fiber tapers »
IEEE Journal of Lightwave Technology, vol. 10, n° 4, p. 432-438 (1992)

[41] Y. Kimura, K. Suzuki, M. Nakazawa
« 46.5 dB gain in Er^{3+}-doped fibre amplifier pumped by 1.48 µm GaAlAsP laser diodes »
Electronics Letters, vol. 25, n° 24, p. 1656-1657 (1989)

[42] X. He, S. Srinivasan, S. Wilson, C. Mitchell, R. Patel
« 10.9W continuous wave optical power from 100µm aperture InGaAs/AlGaAs (915nm) laser diodes »
Electronics Letters, vol. 34, n° 22, p. 2126-2127 (1998)

[43] I. S. Tarasov, N. A. Pikhtin, A. V. Lyutetskiy, G. V. Skrynnikov, Z. I. Alferov
« High-power broad-area InGaAsP/InP lasers »
Proceedings of Conference on Lasers and Electro-Optics, paper CThF3, p. 326 (2000)

[44] T. Weber, W. Lüthy, H. P. Weber, V. Neuman, H. Berthou, G. Kotrotsios
« A longitudinal and side-pumped single transverse mode double-clad fiber laser with a special silicone coating »
Optics Communications, vol. 115, p. 99-104 (1995)

[45] C. Auchli, W. Lüthy, H. P. Weber
« Side monitoring of a double-clad side-pumped Nd fibre laser »
Measurement Science and Technology, vol. 8, p. 623-626 (1997)

[46] **D. J. Ripin, L. Goldberg**
« High efficiency side-coupling of light into optical fibres using imbedded v-grooves »
Electronics Letters, vol. 31, n° 25, p. 2204-2205 (1995)

[47] **J. P. Koplow, L. Goldberg, D. A. V. Kliner**
« Compact 1-W Yb-doped double-cladding fiber amplifier using v-groove side-pumping »
IEEE Photonics Technology Letters, vol. 10, n° 6, p. 793-795 (1998)

[48] **A. Hideur, T. Chartier, C. Özkul, F. Sanchez**
« Dynamics and stabilization of a high power side-pumped Yb-doped double-clad fiber laser »
Optics Communications, vol. 186, p. 311-317 (2000)

[49] **R. I. Laming, S. B. Poole, E. J. Tarbox**
« Pump excited-state absorption in erbium-doped fibers »
Optics Letters, vol. 13, n° 12, p. 1084-1086 (1988)

[50] **M. C. Farries, P. R. Morkel, R. I. Laming, T. A. Birks, D. N. Payne, E. J. Tarbox**
« Operation of erbium-doped fiber amplifiers and lasers pumped with frequency-doubled Nd:YAG lasers »
IEEE Journal of Lightwave Technology, vol. 7, n° 10, p. 1473-1477 (1989)

[51] **L. Goldberg, B. Cole, E. Snitzer**
« V-groove side-pumped 1.5µm fibre amplifier »
Electronics Letters, vol. 33, n° 25, p. 2127-2129 (1997)

[52] **G. C. Valley**
« Modeling cladding-pumped Er/Yb fiber amplifiers »
Optical Fiber Technology, vol. 7, p. 21-44 (2001)

[53] **M. Nakazawa, Y. Kimura**
« Lanthanum codoped erbium fibre amplifier »
Electronics Letters, vol. 27, n° 12, p. 1065-1067 (1991)

[54] **M. A. Rebolledo, S. Jarabo**
« Erbium-doped silica fiber modeling with overlapping factors »
Applied Optics, vol. 33, n° 24, p. 5585-5593 (1994)

[55] **A. Liu, K. Ueda**
« The absorption characteristics of circular, offset, and rectangular double-clad fibers »
Optics Communications, vol. 132, p. 511-518 (1996)

[56] **K. Jo, G. H. Song, U. C. Paek, W. T. Han**
« Fabrication and numerical analysis of D-shaped optical fiber polarizer coated with chromium film » | *Proceedings of Conference on Optical Fiber Communications*, paper TuM3 (2001)

[57]   K. Jansen, R. Ulrich
        « Drawing glass fibers with complex cross section »
        IEEE Journal of Lightwave Technology, vol. 9, n° 1, p. 2-6 (1991)

[58]   V. Doya
        « Du speckle aux scars : une expérience de chaos ondulatoire dans une fibre optique »
        Thèse de Doctorat de l'Université de Nice-Sophia Antipolis (2000)

[59]   V. Doya, F. Mortessagne, O. Legrand, K. Kaiser, C. Miniatura, G. Monnom, E. Picholle, P. Sebbah
        « Chaos ondulatoire dans une fibre optique multimode à section tronquée »
        Recueil des communications des Journées Nationales d'Optique Guidée, p. 73-75 (1997)

[60]   V. Doya, F. Mortessagne, O. Legrand, E. Picholle, C. Miniatura, R. Kaiser
        « Contrôle de l'ordre et du désordre spatial dans une fibre optique chaotique »
        Recueil des communications des Journées Nationales d'Optique Guidée, p. 295-297 (1998)

[61]   V. Doya, O. Legrand, F. Mortessagne, C. Miniatura
        « Experimental and numerical study of the spatial properties of waves in a chaotic optical fibre »
        Journal of the Optical Society of America A (in preparation)

[62]   H. J. Stöckmann
        « Quantum chaos - An introduction »
        Cambridge University Press (1999)

[63]   M. V. Berry
        « Regularity and chaos in classical mechanics, illustrated by three deformations of a circular "billiard" »
        European Journal of Physics, vol. 2, p. 91-102 (1981)

[64]   D. Gloge
        « Weakly guiding fibers »
        Applied Optics, vol. 10, p. 2252-2258 (1971)

[65]   T. Okoshi
        « Optical fibers »
        Academic Press (1982)

[66]   E. J. Heller
        « Wave packet dynamics and quantum chaology »
        Proceedings of Summer School on Chaos and Quantum Physics (1989)

[67]   M. V. Berry
        « Regular and irregular semiclassical wavefunctions »
        Journal of Physics A: Math. Gen., vol. 10, p. 2083-2091 (1977)

[68] S. W. McDonald, A. N. Kaufman
« Wave chaos in the stadium : statistical properties of short-wave solutions of the Helmholtz equation »
Physical Review A, vol. 37, p. 3067-3086 (1988)

[69] A. Tervonen
« Software tools for integrated optics design »
Proceedings of SPIE, vol. 2997, p. 202-211 (1997)

[70] M. D. Feit, J. A. Fleck
« Light propagation in graded-index optical fibers »
Applied Optics, vol. 17, p. 3990-3998 (1978)

[71] A. C. Newell, J. V. Moloney
« Nonlinear optics »
Addison-Wesley (1992)

[72] M. H. Muendel
« Optimal inner cladding shapes for double-clad fiber lasers »
Proceedings of Conference of Lasers and Electro-Optics, paper CTuU2, p. 209 (1996)

[73] A. Liu, J. Song, K. Kamatani, K. Ueda
« Rectangular double-clad fibre laser with two-end-bundled pump »
Electronics Letters, vol. 32, n° 18, p. 1673-1674 (1996)

[74] T. Miyazaki, K. Inagaki, Y. Karasawa, M. Yoshida
« Nd-doped double-clad fiber amplifier at 1.06 µm »
IEEE Journal of Lightwave Technology, vol. 16, n° 4, p. 562-566 (1998)

[75] L. Goldberg, J. Koplow
« Compact, side-pumped 25dBm Er/Yb co-doped double cladding fibre amplifier »
Electronics Letters, vol. 34, n° 21, p. 2027-2028 (1998)

[76] J. M. Sousa, J. Nilsson, C. C. Renaud, J. A. Alvarez-Chavez, A. B. Grudinin, J. D. Minelly
« Broad-band diode-pumped ytterbium-doped fiber amplifier with 34-dBm output power »
IEEE Photonics Technology Letters, vol. 11, n° 1, p. 39-41 (1999)

[77] S. Bedö, W. Lüthy, H. P. Weber
« The effective absorption coefficient in double-clad fibres »
Optics Communications, vol. 99, p. 331-335 (1993)

[78] L. Goldberg, J. Koplow
« High power side-pumped Er/Yb doped fiber amplifier »
Proceedings of Conference on Optical Fiber Communications, paper WA7, p. 19-21 (1999)

[79] F. Leplingard, P. Bousselet, M. Bettiati, L. Gasca, L. Lorcy, A. Tardy, D. Bayart
« High-power (+24 dBm) double-clad erbium-doped fibre amplifier for WDM applications in the C-band (1528 nm-1562 nm) »
Proceedings of Conference on Lasers and Electro-Optics, paper CFG3, p. 381 (2000)

[80] P. Bousselet, M. Bettiati, L. Gasca, M. Goix, F. Boubal, A. Tardy, F. Leplingard, B. Desthieux, D. Bayart
« +26 dBm output power from an engineered cladding-pumped ytterbium-free EDFA for L-band WDM applications »
Electronics Letters, vol. 36, n° 16, p. 1397-1399 (2000)

[81] J. Nilsson, R. Paschotta, J.E. Caplen, D.C. Hanna
« Yb^{3+}-ring-doped fiber for high-energy pulse amplification »
Optics Letters, vol. 22, n° 14, p. 1092-1094 (1997)

[82] J. Nilsson, J.D. Minelly, R. Paschotta, A.C. Tropper, D.C. Hanna
« Ring-doped cladding-pumped single-mode three-level fiber laser »
Optics Letters, vol. 23, n° 5, p. 355-357 (1998)

[83] J. A. Alvarez-Chavez, H. L. Offerhaus, J. Nilsson, P. W. Turner, W. A. Clarkson, D. J. Richardson
« High-energy, high-power ytterbium-doped Q-switched fiber laser »
Optics Letters, vol. 25, n° 1, p. 37-39 (2000)

[84] P. Bousselet, F. Leplingard, C. Simonneau, C. Moreau, L. Gasca, L. Provost, M. Bettiati, D. Bayart
« 30% power conversion efficiency from a ring-doping all-silica octagonal Yb-free double-clad fiber for WDM applications in the C band »
Proceedings of Conference on Optical Amplifiers and their Applications, paper PD1 (2001)

[85] D. Bayart, L. Gasca, G. Gelly
« Amplificateurs à fibre dopée à l'erbium à pompage par la gaine pour applications WDM »
Revue des Télécommunications d'Alcatel, 3ème trimestre 2001, p. 179-180 (2001)

[86] H. Po, J. D. Cao, B. M. Laliberte, R. A. Minns, R. F. Robinson, B. H. Rockney, R. R. Tricca, Y. H. Zhang
« High power neodynium-doped single transverse mode fibre laser »
Electronics Letters, vol. 29, n° 17, p. 1500-1501 (1993)

[87] X. Liu, L. Qian, F. Wise
« Femtosecond Cr:forsterite laser diode pumped by a double-clad fiber »
Optics Letters, vol. 23, n° 2, p. 129-131 (1998)

[88] L. Goldberg, J. P. Koplow, R. P. Moeller, D. A. V. Kliner
« High-power superfluorescent source with a side-pumped Yb-doped double-cladding fiber » | *Optics Letters*, vol. 23, n° 13, p. 1037-1039 (1998)

[89] **A. S. Kurkov, O. I. Medvedkov, V. I. Karpov, S. A. Vasiliev, O. A. Lexin, E. M. Dianov**
« Photosensitive Yb-doped double-clad fiber for fiber lasers »
Proceedings of Conference on Optical Fiber Communications, paper WM4, p. 205-207 (1999)

[90] **S. D. Jackson, T. A. King**
« Efficient high power operation of a Nd:YAG-pumped Yb :Er-doped silica fibre laser »
Optics Communications, vol. 172, p. 271-278 (1999)

[91] **A. S. Kurkov, O. I. Medvedkov, V. M. Paramonov, S. A. Vasiliev, E. M. Dianov**
« High-power Yb-doped double-clad fiber lasers for a range of 0.98-1.04 µm »
Proceedings of Conference on Optical Amplifiers and their Applications, paper OWC2 (2001)

[92] **V. Félice**
« Fibres optiques en silice dopées aux ions chrome : fabrication et étude spectroscopique »
Thèse de Doctorat de l'Université de Nice-Sophia Antipolis (1999)

[93] **R. Balian, C. Bloch**
« Asymptotic evaluation of the Green's function for large quantum numbers »
Annales de Physique, p. 582 (1971)

[94] **D. Marcuse**
« Principles of optical fiber measurement »
Academic Press (1981)

[95] **D. Marcuse**
« Loss analysis of single-mode fiber splices »
The Bell System Technical Journal, vol. 56, n° 5, p. 703-718 (1977)

[96] **J. S. Harper, C. P. Botham, S. Hornung**
« Tapers in single-mode optical fibre by controlled core diffusion »
Electronics Letters, vol. 24, n° 4, p. 245-246 (1988)

[97] **H. Y. Tam**
« Simple fusion splicing technique for reducing splicing loss between standard singlemode fibres and erbium-doped fibre »
Electronics Letters, vol. 27, n° 17, p. 1597-1599 (1991)

[98] **W. Zheng, O. Hultén, R. Rylander**
« Erbium-doped fiber splicing and splice loss estimation »
IEEE Journal of Lightwave Technology, vol. 12, n° 3, p. 430-435 (1994)

[99] J. Marcou, J. L. Auguste, J. M. Blondy
« Cylindrical 2D Beam Propagation Method for optical structures maintaining a revolution symmetry »
Optical Fiber Technology, vol. 5, p. 105-118 (1999)

[100] W. T. Anderson, D. L. Philen
« Spot size measurements for single-mode fibers – A comparison of four techniques »
IEEE Journal of Lightwave Technology, vol. 1, n° 1, p. 20-26 (1983)

[101] D. Pagnoux, J. M. Blondy, J. Rioublanc, P. Roy, M. Clapeau, P. Facq
« Precise and repeatable determination of the mode field radius by means of a simple measurement device »
Optics Communications, vol. 133, p. 99-103 (1997)

[102] J. C. Knight, T. A. Birks, P. St. J. Russel, D. M. Atkin
« All-silica single-mode optical fiber with photonic crystal cladding »
Optics Letters, vol. 21, n° 19, p. 1547-1549 (1996)

[103] T. A. Birks, J. C. Knight, P. St. J. Russel
« Endlessly single-mode photonic crystal fiber »
Optics Letters, vol. 22, n° 13, p. 961-963 (1997)

[104] P. Yeh, A. Yariv, E. Marom
« Theory of Bragg fiber »
Journal of Optical Society of America, vol. 68, n° 9 (1978)

Liste des publications

Publications dans des revues internationales

Theoretical and experimental study of loss at splices between standard single-mode fibres and Er-doped fibres versus direction
P. Leproux, P. Roy, D. Pagnoux, B. Kerrinckx, J. Marcou
Optics Communications, vol. 174, p. 419-425 (2000)

Analysis of the bandpass filtering behaviour of a single-mode depressed-core-index photonic-band-gap fibre
F. Brechet, P. Leproux, P. Roy, J. Marcou and D. Pagnoux
Electronics Letters, vol. 36, n° 10, p. 870-872 (2000)

Modeling and optimization of double clad fiber amplifiers using chaotic propagation of the pump
P. Leproux, S. Fevrier, V. Doya, P. Roy, D. Pagnoux
Optical Fiber Technology, vol. 7, n° 4, p. 324-339 (2001)

Influence of mode orientations on power transfer at misaligned fibre connections
C. Simos, P. Leproux, P. Di Bin, P. Facq
Journal of Optics A : Pure and Applied Optics, vol. 4, n° 1, p. 8-15 (2002)

Communications à des congrès internationaux

Study of loss at splices between SSMF and Er-doped fibres, versus the direction
P. Leproux, P. Roy, D. Pagnoux, B. Kerrinckx, J. Marcou
5th Optical Fibre Measurement Conference, Nantes, France (1999)

Improvement of link budget calculations in multimode fibre links
P. Di Bin, C. Simos, P. Leproux, P. Facq
5th Optical Fibre Measurement Conference, Nantes, France (1999)

Chaotic optical fibre for power amplifier
V. Doya, P. Leproux, F. Mortessagne, O. Legrand, D. Pagnoux, P. Roy
Conference on Lasers and Electro-Optics, paper CWA6, Nice, France (2000)

Characterization of the guiding properties of a Bragg-type photonic-band-gap fiber
P. Roy, F. Brechet, P. Leproux, J. Marcou, D. Pagnoux
Symposium on Optical Fiber Measurements, Boulder (Co), USA (2000)

Theoretical and experimental study of light propagation into novel fibers designed for the management of the chromatic dispersion
J. Marcou, D. Pagnoux, F. Brechet, P. Leproux, P. Roy, A. Peyrilloux
Photonics, Calcutta, India (2000)

Communications à des congrès nationaux

Méthodes de modélisation appliquées aux fibres à cristal photonique
P. Leproux, F. Bréchet, V. Doya, P. Roy, D. Pagnoux, J. Marcou
19èmes Journées Nationales d'Optique Guidée, Limoges (1999)

Loi générale de rotation des modes à une connexion : application au calcul précis des pertes de couplage
P. Leproux, C. Simos, P. Di Bin, P. Facq
19èmes Journées Nationales d'Optique Guidée, Limoges (1999)

Application des fibres chaotiques à l'amplification de puissance
V. Doya, P. Leproux, F. Mortessagne, O. Legrand, D. Pagnoux, P. Roy
19èmes Journées Nationales d'Optique Guidée, Limoges (1999)

Optimisation d'un amplificateur à fibre double gaine avec propagation chaotique de la pompe
P. Leproux, S. Février, V. Doya, P. Roy, D. Pagnoux
20èmes Journées Nationales d'Optique Guidée, Toulouse (2000)

Fabrication et caractérisation des premières fibres à réseau de Bragg radial
F. Bréchet, J. Marcou, D. Pagnoux, P. Leproux, P. Roy
20èmes Journées Nationales d'Optique Guidée, Toulouse (2000)

Oui, je veux morebooks!

i want morebooks!

Buy your books fast and straightforward online - at one of world's fastest growing online book stores! Environmentally sound due to Print-on-Demand technologies.

Buy your books online at
www.get-morebooks.com

Achetez vos livres en ligne, vite et bien, sur l'une des librairies en ligne les plus performantes au monde!
En protégeant nos ressources et notre environnement grâce à l'impression à la demande.

La librairie en ligne pour acheter plus vite
www.morebooks.fr

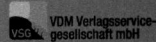

VDM Verlagsservicegesellschaft mbH
Heinrich-Böcking-Str. 6-8 Telefon: +49 681 3720 174 info@vdm-vsg.de
D - 66121 Saarbrücken Telefax: +49 681 3720 1749 www.vdm-vsg.de

Printed by Books on Demand GmbH, Norderstedt / Germany